はじめに

最近は駅で切符を買わなくなりました。買い物も電子マネーで支払うことが増えました。日常生活の中で「自分で計算する」という機会は減ってきています。

簿記の試験を受けたことがあります。
試験会場では「カチカチカチカチ」と電卓を早打ちする音だけが響く何とも言えない緊張感の中、見間違い・打ち間違い・勘違いが許されない厳しい世界だと感じました。しかし今や税理士や会計士の仕事はＡＩに代替されると言われています。

学校教育の中では電卓を使って計算することは必要に応じて許されています。しかし現実的には授業や入試での使用はほとんどＮＧです。入試が近づいてくると、わが子の計算ミスが直らないことが心配になり、「なんとかミスを直す方法はありませんか？」という保護者からの切実な相談が増えます。

これだけ技術が進歩する中でも、学校教育では手と頭を使って計算する力を身につけようとするわけですが、それはなぜでしょうか。

限られた時間の中でち密な作業力と数理的思考力が同時に要求されるのが計算です。具体的に言うと、「くり上がり、くり下がり」

速く、正確に解けて
ミスも減る！

計算がスッキリわかる本

スクールFC 松島伸浩 著
花まる学習会 高濱正伸 監修

KANZEN

では数を分解する力、「九九」では正確にアウトプットする力、「２けた×１けた」では頭の中でイメージする力、「わり算のひっ算」では商を見積もる力、「小数・分数」では手順どおりに進める力、「計算のきまり」では全体を俯瞰する力、そのほかにも工夫する力や公式・知識を活用する力など、瞬時にいろいろな力が求められます。ミスを防ぐための検証する力は計算過程のすべてにおいて必須です。こうした計算によって身につく力は、算数に限らずいろいろな教科を学習するうえでの大切な基礎力にもつながります。

本書では、小学校６年間で学習する代表的な計算問題を取り上げ、間違いやすい事例とともに、どんな手順でどう考えれば速く正確に解けるかをわかりやすく解説しています。

また、計算力を上げるためのポイントや計算知識、計算技術などをまとめたコラムも充実させました。巻末の練習問題は、お子様のつまずきチェックなどにご利用ください。応用編まで取り組めば、中学受験や中学校の数学で扱う計算の基本を学ぶことができます。

この一冊が、計算力を上げたい多くの小学生、保護者の方の一助となればうれしい限りです。

スクールＦＣ　松島伸浩

第3章
小数計算

第4章
分数計算

第5章

計算のきまり

第 6 章

応用編

第 7 章

計算知識

第8章

計算技術

第9章

おうちでできる計算力アップ法

第1章

どうすれば計算力は身につくのか

算数がきらいな子、苦手な子の原因とは？

小学校1～3年生の「計算の基礎」でつまずくと、苦手意識がずっと続いてしまう

算数は、小学校の教科の中でも特に「すきな子」と「きらいな子」がはっきりと分かれる教科です。その原因はなにか？　一番大きいのは、計算ができるかできないか。この差が算数のすききらいにつながっていると思っています。

小学校1年生から6年生まで学習する算数の内容は、だいたい3～5割くらいが計算の勉強です。その中でも特に低学年、1～3年生は学習における計算の割合がさらに高くなります。まずはたし算、ひき算ができなくてはいけない。次にかけ算、次にわり算と、小学校3年生までは、そのほとんどが「計算の勉強」「計算の方法を学ぶ」ことに費やされます。

そうなると、どうなるか――。

低学年のうちにしっかりと計算力が身についていれば、自然と算数への苦手意識がなくなり、算数がすきになる子も増えます。逆に、

低学年の時点で計算力が身についていないと、算数への苦手意識が高まり、「算数ぎらい」になってしまうケースがとても多いのです。

「算数」は中学、高校で学ぶ「数学」よりもふだんの生活で使う場面が多い教科です。たとえば買い物をするときの計算や、時計の読み方など、日常生活と直結することを学ぶ。大人になると、無意識に毎日、「算数」で学んだことをたくさん使うことになります。

そして、その算数の土台となっているのが「計算」です。「ものを数える」ということからはじまり、そこから数をたしたり、ひいたり、かけたり、わったりすることを少しずつ学んでいくのですが、その時点でつまずいてしまうと、なかなか算数への苦手意識をとりのぞくことはできません。

算数は、そのすべてが「つみかさね」です。計算の基礎ができていなければ、中学、高校で学ぶ数学も理解することはできない。中学、高校で学ぶ「数学」は大人が見ても難解なものが多いですが、それもすべて、さかのぼっていくと小学校低学年で学んだ算数、計算が土台になっています。

基礎ができていないのに、いきなりむずかしい「数学」に取り組もうと思っても、それはちょっと無茶な話です。ほかの教科とくらべても、特に算数は低学年のうちに学ぶべきこと＝計算の基本をしっかりと身につけておかないと、そこでのつまずきが結果として中学、高校まで尾を引いてしまうことがあります。

　もちろん、学ぶうえで「遅すぎる」ことはありませんが、やはり低学年のころからしっかりと基本をマスターすることが、「算数ぎらい」にならないために、一番大切なことと言えるでしょう。

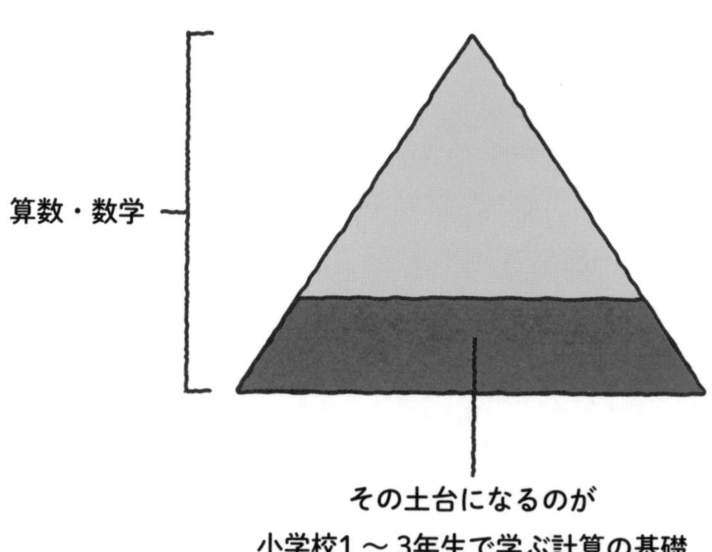
算数・数学
その土台になるのが
小学校1～3年生で学ぶ計算の基礎

「学校で点数が取れているから大丈夫」はまちがい

小学校のテストは100点が基本
ミスを放っておいてはいけない

「うちの子は算数のテストで毎回だいたい80点くらいとれているから、大丈夫だろう」

そう考えている親御さんがいますが、実はこれがひとつの落とし穴です。むしろ、比較的点数がとれていても、中学、高校に上がってから「数学」でつまずいてしまうケースは少なくありません。

小学校でおこなうテストは、受験や中学以降の中間・期末テストと違い、「生徒に優劣・順位をつけるためのもの」ではありません。学習した内容を身につけられているか、定着させられているかを確認するものです。

たとえば、テストの結果が90点だった場合、ふつうは「よくやった」とほめてあげたいところですが、「何問かまちがえている」「どこかでミスをしている」という事実を放っておいてはいけません。

大切なのは、「なにをまちがえたのか」「どこが理解できていないのか」を親御さんがしっかりと把握してあげること。いつも同じような問題でまちがえていたら、そこをしっかりと理解できるよう、家庭でサポートすることも必要です。

「そこも教えるのが学校の役目では？」と感じるかもしれませんが、小学校では1人の先生が30～40人の生徒を指導しています。あきらかに理解ができていない子どもに対しては見てくれる先生もいますが、そこまで悪くない、手のかからないような子の場合、一人ひとりに「ここが理解できていないね」と指導をすることはなかなかむずかしいことです。

見せかけの計算力にまどわされない
低学年では親がサポートする

先に書いたように、算数は「つみかさね」です。ひとつでも理解できていないことがあると、それがのちのち、雪だるま式に大きくなってしまいます。テストで90点をとれていたとしても、残りの10点が学年が上がるごとに20点、30点とふくらんでいってしまい、気づけば「算数が苦手」な子どもになってしまうこともあるのです。

もちろん、「なんで100点をとれないんだ！」と、頭ごなしに叱ってしまうのはNG。点数をとれたことはしっかりと認めてあげて、そのうえでどこかでつまづいていないか、理解ができていないところはないか、テストの結果を見ながら、確認してみてください。

小学校低学年の算数であれば、親が教えてあげることはそうむずかしくはないと思います。計算の基礎は、学校まかせではなく「親の責任でしっかりと学習させる」くらいのつもりで、お子さんと向き合ってあげましょう。

テストでよい点がとれる子どもの落とし穴

- **たまたま答えがあっているだけで、しっかりと理解できていないことがある**
- **80点、90点で「満足」してしまうと高学年でつまずく可能性がある**
- **「算数は得意」と過信して毎日のつみかさねをおろそかにしてしまう**

計算力は練習で身につけることができるが
学年が上がるごとにやることが増えてしまう

計算力は、毎日の練習でまちがいなく身につきます。もちろん、多少の個人差はありますが、いくらやっても成長しない、理解できないということはありません。

その意味で、「計算力をつける」うえで手おくれになるようなことはない。ただ、おそくなるほど、やることが増えてしまうのも事実です。

たとえば、わり算は九九がしっかりとできていないと解くことができません。九九は九九としておぼえれば次に進めますが、3、4年生のわり算の時点で「あれ？　九九がちゃんとできていないぞ……」となってしまうと、もう一度九九のドリルをやり直したり、場合によってはくり上がり、くり下がりの復習をする必要が出てきたりします。

もちろん、それでもいいのですが、そもそも子どもは「ふりかえり」「復習する」ことがすきではありません。

子どもたちは「新しいこと」「今、楽しいこと」にしか興味がないので、小学校3年生の子どもに「2年生で習ったことをもう一度勉強しなおしなさい」といっても、なかなかむずかしい。

つまずいたら、なるべく早いうちに、理解できるまでしっかりと学習しておくことが大切なのです。

そうはいっても、実際にあとになって過去のつまずきに気づくケースは意外とあるもの。そんなときは、いかに子どもに「楽しく」学習させるかを工夫する必要があります。

今はアプリでも計算ゲームがたくさんあるので、たとえばゲーム感覚で学習させるのもいいかもしれません。また、市販のドリルなどでも「学年別」ではなく「進級式」のものがあります。

自分の学年よりも下の学年のドリルは、子どもにもプライドがあったり、そもそも「これ、前にやったよ」といってなかなか取り組めないことがありますが、学年に関係なく少しずつ級が上がっていくタイプのものであれば、ゲームをクリアするように楽しみながら学習できることもあります。

「つまずき」はなるべく早期に解決！
6年生の夏休みの使い方がカギに

そのうえで最低限クリアしておきたいことは「小学校の算数は、小学生のうちに理解しておく」ことです。中学の数学は、基本的に「小学校の算数はすべてマスターしている」ことを前提に学習がスタートします。たとえば、小数・分数の計算はできて当たり前という考え方です。

理想は、1年生の学習内容は1年生のうちに、3年生の学習内容は3年生のうちに理解をすませておくことですが、小学生のうちの「ラストチャンス」という意味では、6年生の夏休みの使い方が大切になってきます。この段階で、「どこかでつまずいていないか」を見直し、問題があれば解決しておく。特に5・6年生では小数や分数を使った割合や速さの単元を学習するので、ここで混乱してしまう子どももかなりいます。

できるだけ時間がとれる小学生のうちに、小学校の学習内容を完璧にしておくことを目指しましょう。

計算ミスはへらせるが、ゼロにはならない

なぜ、大人になると計算ミスがへるのか？ 日常生活からミスをへらす努力を

計算とミスは、切っても切れない関係です。人間ですから、だれもがミスをします。ただ、ゼロにはできなくても「へらす」ことはできます。

たとえば、大人になると単純な計算のミスはほとんどしなくなります。なぜなら多くの大人が「社会経験」をつみながら、日ごろから「ミスをしないように」つねに気をつけるようになっていくからです。

仕事で決算書を書くとき、単純な計算ミスをしてしまったら会社での立場や、もっと言えば収入にも影響が出るかもしれない……。買い物のとき、計算をまちがえたらお金が足りなくなるかもしれない……。大人は計算に限らず、いろいろなミスが生活に直接影響してくるので、自然と「ミスを防ぐ」ことをおぼえていくのです。

一方、子どもはどうでしょう。テストで計算ミスをしたら親や先

生に叱られるかもしれませんが、自分の生活に直接影響するようなことはほとんどありません。

また、大人とちがって社会経験をそこまでつんでいないので、「自分がどんなミスをしやすいか」もあまり知りません。

ミスを少なくするために大切なのは、この「自分がどんなミスをしやすいか」を知ることと、「ミスをしていないか確かめる」こと。これがポイントです。

たとえば中学受験をひかえた小学生の場合、6年生になり、受験が近づくと計算ミスが少なくなることがあります。これは、「経験」をつんだことはもちろん、目の前に迫った「受験」が自分の人生、生活にも大きな影響をあたえることを意識しはじめるからです。

生活習慣を整えることで計算ミスを少なくなる

とはいえ、子どもに「ミスが自分の人生や生活に影響するよ」と伝えたところで、ほとんど実感はわかないはずです。

では、どうすればいいのか。まずは、生活習慣を整えることからはじめてみてください。たとえば、生活のリズムをつくること。「早寝早起き朝ごはん」とよく言いますが、規則正しい睡眠や食事は、子どもの体をつくり、心を安定させます。体力がないと集中力が続きませんし、心が落ち着かない状態では勉強をしても定着しません。当然うっかりミスもしてしまいます。生活にメリハリがつくことで、子どもは安定して学習に取り組めるようになります。さらに、身の回りの整理整とんができているかも大切なことです。机やカバンの中がぐちゃぐちゃな子どもほど、算数に限らず、テストや宿題でちょっとミスが目立ちます。ノートのとり方やつくり方も雑で、それによって写しまちがえなどをしてしまいます。こうした日ごろからの整理整とんや後片づけの習慣を見直すだけでも、成績が上がるケースも少なくありません。

勉強は生活の中の一部です。学習習慣の前に生活習慣を整えるほうが先になります。規則正しい行動を意識するようになると、学習面にも自然とよい影響が出てきて、その結果としてミスもへっていくのです。

計算ミスをへらす方法

- **規則正しい睡眠と食事をとる**
- **整理整とんを心がける**
- **意識して「たしかめ」をおこなう**
- **自分がどんなミスをしやすいか、クセを知る**

計算ミスは
“ミス”ではない

計算ミスは
練習と知識の不足が原因

前のページで「計算ミスをへらす方法」を紹介しましたが、実は計算ミスの多くは単なる「うっかりミス」ではありません。

シンプルに、計算力が足りないことがほとんどです。

では、なぜ計算力が不足してしまうのか……。その理由は、大きく分けてふたつ。ひとつは「練習の不足」、もうひとつは「知識の不足」です。

計算の練習は、学校でしっかりと宿題が出るようであれば問題はありませんが、もし宿題があまり出ない、ということなら自宅での学習も必要になってきます。子どもにいきなり「自分で考えて勉強しなさい」と言ってもむずかしい話ですから、そこは親御さんが少しサポートしてあげてほしいのです。1日○分といった形で時間を決め、「つづける」ことが計算力を定着させることにつながります。毎日決まった時間に決まった量を行うことで、計算力は着実に身についていきます。

もうひとつの「知識の不足」は、そもそも計算のきまりごとをよく理解していないケースが多いです。本書でも紹介しますが、計算にはさまざまなルールがあります。「+、−」よりも「×、÷」を先に計算する、カッコの中は先に計算するなど、基本のルールをしっかりとおぼえていないと、正解にはたどりつけません。まちがった知識や方法で練習をくりかえしても、時間がかかるうえに、×ばかりではやる気がなくなってしまいます。

暗算＝計算ミスの原因ではない 暗算力はどんどんつけるべき

子どもへの指導で「暗算しないでちゃんと書きなさい」という言葉をよく耳にします。「頭の中だけで考えずに、しっかりとひっ算したほうがミスはへる」という考え方なのですが、はたして本当にそうでしょうか。

私は、「暗算できるならどんどんやるべき」と考えています。なぜなら、そのほうがミスが起こる確率がへるからです。たとえばひっ算の場合、式を写したあと、頭で考えながら、同時に計算過程を書いていくというプロセスです。プロセスが多いと、どうしてもその途中でミスが起こる可能性は高くなります。暗算であれば頭の中で計算して答えを書くだけなので、ミスをする確率は低くなるのです。大人からすれば、この暗算する過程でミスをしやすいのではないかと思いがちですが、慣れてくれば暗算のほうが正確に計算できます。なぜなら暗算では視覚による誤認が起こらないからです。ひっ算でのミスの原因の一つは、アウトプットによる見まちがえ・書きまちがえです。そろばんを習った子の暗算が正確なのは、頭の中でそろばんの玉を動かしているからです。暗算も頭の中でひっ算をイメージして計算すればいいわけです。ただし、そもそもの基礎の計算力は必要ですから、最初からむやみに暗算ばかりに挑戦するのは危険です。

その点では、暗算ができるようになっても、「この計算は自分の暗算力では無理だな」と感じたら、ちゃんとひっ算をして、正確さを優先することが大切になります。逆に言えば、「これは絶対に暗算できる」というものを、わざわざひっ算するように指導することは子どものやる気を奪いかねませんから、注意が必要です。

暗算するうえでも、計算の知識があったほうが便利です。ここで言う計算の知識とは、「11×11＝121」などのお決まりの計算のことです。このような「平方数の計算」のほかにも、「3.14×1けた」「2けた×1けた」「よく出る小数の分数変換」などは、本書でも紹介していますので、ぜひ計算力アップのために身につけてください。

受験生のほうが計算の基本があぶない

かけ足で学習を進めるので、基本がおろそかになることがある

中学受験を目指すような子どもは、小学校で学習する内容よりも高いレベルの問題を解いたり、勉強したりしています。

本書にも実際の中学入試問題を掲載していますが、学校によっては高校受験レベル、大学受験レベルのむずかしい問題が出題されることもけっしてめずらしくありません。

ただ、ここにも実は落とし穴があります。一見すると、ほかの子どもたちよりも学習が進んでいるように見えますが、「かけ足」で学習を進めているぶん、どこかで基本をしっかりと学べていない可能性があるのです。

小学校で学習する授業の内容は、すべて学習指導要領にそっておこなわれます。ただし、受験生の場合はそれに合わせていたら中学受験に間に合いません。本来、小学校で数カ月かけて学ぶものを、学習塾で1～2回の授業だけですませてしまうこともめずらしくな

いのです。

すると、どういうことが起こるのか——。

算数において大切なのは、これまでにも書いているように計算力や知識を「定着」させることです。しかし、塾にはカリキュラムがありますから、学習内容を先に進めることを優先せざるをえない場合もあります。計算力や知識が定着しないまま、学習内容だけがどんどん進んでしまうと、どこかで必ずひずみが生まれてしまいます。

受験のカリキュラムは、計算の基本ができているという前提で組まれている

受験生の中には、むずかしい問題を正解しているものの、よく見ると必要のない計算をしていたり、まわりくどいやり方で計算してしまっていることがあります。これは、計算の基本やルールが定着していない、身についていないから起こることです。

「どんな方法でも、正解できていればいいじゃないか」と思うかもしれません。しかし、不要な計算や正しい順序で計算ができていないと、時間もかかってしまいますし、たまたまテストではなんとかなったとしても、その先でそのつまずきが大きく足を引っ張ってしまうこともあるのです。

問題を解くのに時間がかかってしまうことは、そのまま入試にも影響してきます。決められた時間内に、決められた問題数を解かなければいけない入試では、命とりです。

そもそも、学習塾で組まれている中学受験のカリキュラムは「計算の基本」は十分できているという前提でつくられています。受験の時に必要なのは、計算の基本に加えて問題を工夫して解く力です。

どうすれば、スムーズに答えをもとめることができるか、式全体を見通してどんな工夫が有効かを見つける必要があるのです。

ただし、その工夫を見つけるには、やはり「計算の基本」がしっかりと身についていなければいけません。

受験生こそ、基本がおろそかになっていることがある——。このことを意識して、どこかでつまずいていないか、親子で確認する必要があるかもしれません。

小学校3年生までの基礎がその後の計算力に大きく影響する

計算の基礎は3年生まででで決まる

すでに「算数の土台は計算」と書きましたが、その「計算の土台」となるのはなにか――。

それは、小学校3年生までに学ぶ四則計算です。高学年、さらには中学校、高校と進むと、大人がパッと見ただけでも「むずかしそう！」と感じる問題に出会うことがありますが、もとをただせば、その基礎は3年生までの四則計算でつくられているわけです。

小学校３年生までの土台づくりでの山はふたつあります。

ひとつは一年生で習うくり上がり・くり下がりです。大人になれば何のことはない計算ですが、１年生にとって10より大きい数は手では数えられませんから、困ってしまう子もいるのです。くり上がり・くり下がりの計算では、「数を分ける」という単に「数を数える」とは別の力が必要になります。これは、高学年・中学校以降何度も出てくる数や式を自由に分けたり、合わせたりして解いていくための計算の基礎となるのです。

もうひとつは言わずと知れた九九です。九九はかけ算の基本です。九九は１けた×１けたの計算ですが、２けた×１けたの計算をする際も九九を使います。むしろ九九を使わないでかけ算をすることは不可能といっても過言ではありません。さらに、この２けた×１けたの計算がスラスラできるようになれば、３けた÷２けた（４年生）のひっ算でも大いに役立ちます。このような大きなけたどうしのわり算が苦手な子は、２けた×１けたの暗算ができないケースが多いのです。その理由は練習が足りない以外に、そもそも九九とくり上がりに不安があるということがあります。つまり、１、２年生の基礎が高学年以上の計算力に大きく影響することになるのです。

九九は100％完璧を目指す

以前、ある帰国子女の方に話を聞いたことがあります。その人は小学校3年生で日本に帰国したのですが、いきなり転校してきて、「九九ができるのが当たり前」の環境に放り込まれて、かなり苦労したと話してくれました。

もちろん海外でも勉強はしていたそうなのですが、日本の子どもたちの九九のレベルについていけずに、挫折してしまったそうです。小学校低学年の時点で「算数は苦手」とすり込まれてしまい、その後のわり算なども苦痛でしかたがなかったと。

小学校の時点で、「自分は文系しかない」と決めていたそうです。

小学校3年生までの「計算力」がいかに大切か、よくわかるエピソードです。

たとえば苦手にする子が多い「3けた÷2けた」の問題（本書 P70掲載）も……

次の計算をしましょう。あまりも出しましょう。

（1）18)749　　（2）41)359

3年生までに学んだ「くり上がり・くり下がり」「九九」「2けた×1けた」の計算力が試される！

字が汚いから計算ミスをする、は本当？

ポイントは字のきれいさではなく、整理して書けるかどうか

親は子どものノートを見ると、ついつい「もっとていねいに、きれいに書きなさい」と言いがちです。もちろん、見やすいノートをつくることは大切ですが、字の「きれい、汚い」「うまい、へた」よりも次の点に注目してみましょう。

- 字の大きさがそろっているか
- 字間、行間がそろっているか

たとえば、字の大きさを意識して書いていないと、くり上がり、くり下がりのメモとの見分けがつきにくく、ミスの原因になってしまうことがあります。

字間、行間をしっかり空けてそろえていないと、あとで見直したときにどこでまちがえたのかがわからなかったり、小数点を打ち忘れたり位をまちがえたりすることもあります。

次ページでノートの「良い例」と「悪い例」を紹介していますが、

良い例は文字がそろっていて整理されていることがわかります。一方、悪い例は書き方にルールがなく、ひっ算の場所もぐちゃぐちゃ。これでは見直したとき、自分がどうやって問題を解いたかすらわかりません。

字のうまさには個人差があるのであまり気にする必要はありませんが、「ある程度ていねいに書く」ことは意識するほうがよいでしょう。たとえば数字の0と6は、雑に書いてしまうと見分けがつかず、ミスの原因になることがよくあります。数字を書くうえで大切なのは「最後にしっかりと止めること」。漢字とちがって数字は「はらう」ことはないので、どこで止めるかを意識すれば、あとで自分で書いた数字が0なのか6なのかわからなくなるようなこともありません。

○ 良いノートの書き方

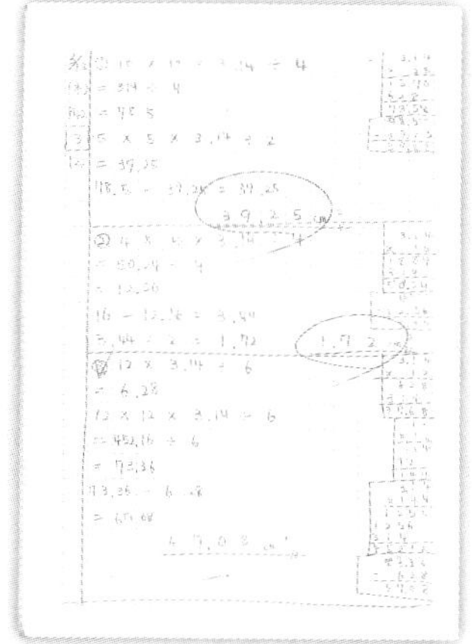

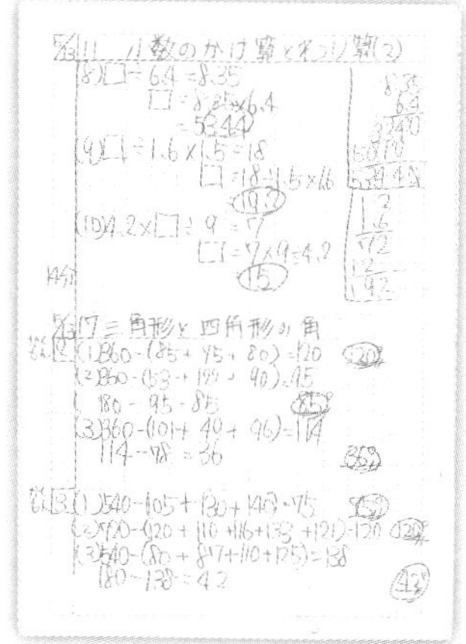

数字がしっかりと整理されて書かれています。これなら見直したときにも自分がどんな順序で計算したのか、わかりやすいですね

✕ 悪いノートの書き方

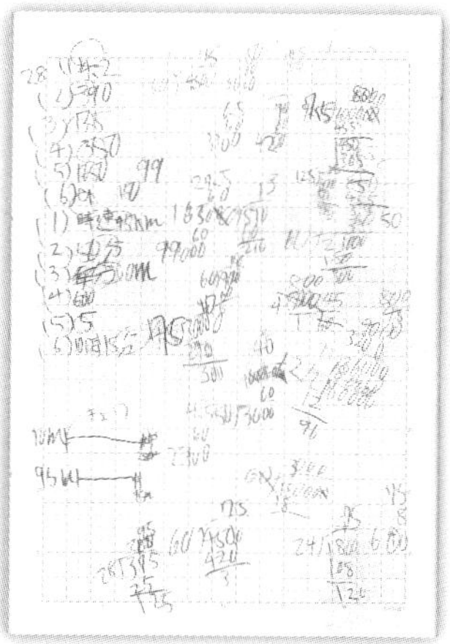

字の大きさや間隔もバラバラ。ひっ算もあちこちに書かれているので、どうやって問題を解いたのか、自分でもわからなくなってしまいます

計算のスピードと正確さ、どちらが大切なのか？

スピードと正確さは、同時に身につけていく

「問題は速く解けるけど、ミスが多い」「ミスは少ないけど、問題を解くのが遅い」。

そんな悩みを持っている親御さんは意外と多いものです。

よく「計算はスピードと正確さ、どちらが大切ですか？」という質問を受けることがありますが、それはどちらも大切です。

正確に解けることが大切なのはもちろんですが、受験やテストなどには必ず制限時間があります。時間無制限であれば正確さだけを重視しても問題ありませんが、限りある時間の中でどうやって問題をクリアしていくかも大切なのです。

スピードも正確さも、毎日の練習によって身につきます。計算の速い子に「もっと正確に計算しなさい」とただ言うだけではできるようになりません。「ていねいに解こうとするあまり、今度はスピードが失われてしまいます。片方を改善しようとするともう一方のよ

さを発揮できなくなってしまうことは、子どもの場合よく起きます。そのためには、その子のよさを生かしたまま、徐々に修正をしていくことです。もちろん、スピードと正確さを同時に身につけていくことは、簡単ではありませんので、少し長い目で辛抱強くつき合ってあげる必要があります。

子どものノートや計算の様子を見れば、その子のつまずきの原因はわかる

まずは子どものノートを見てみましょう。計算ミスが多い原因は何か、計算が遅い原因は何か、ノートを見るとわかることがあります。

前にも書きましたが、ノートがぐちゃぐちゃな子はスピードはあるけどミスが多くなる傾向があります。ノートの使い方を教えてあげましょう。

「式を書くときは行をできるだけはみ出さないように」「ひっ算は必ず右側に線で区切って書く」など、計算をするスペースを決めてあげて練習させてみてください。最初は面倒くさがることもありますが、慣れてくればできるようになります。「もっとていねいに」とか「もっとゆっくり」ということは言わず、とりあえずルール通りにノートのスペースを使っていれば OK とします。まずは一つの

ことを習慣にすることを目指します。すぐにミスがへらなくてもがまんしましょう。以前よりも見やすいノートや答案を書けるようになったら、それだけでも大きな進歩です。大げさなくらい認めてあげてください。そのうちに成果は出てきます。

正確な計算はできるけど、スピードが上がらない子の場合は、多少字が雑になってもいいから、書くスピードを上げるように意識させましょう。たとえば、制限時間を決めて、以前よりも１問多く解くことを目標にさせます。問題の難易度は上げないようにして、毎日集中して計算をする時間をつくりましょう。

計算まちがいをした子に、「この問題、どこでミスしたの？」と聞くと、「わかっていたんだけど、ここの計算で勘ちがいして…」というような返答をしてくることがよくあります。「たまたままちがえた」ような言い方をするのですが、計算ミスは偶然ではなく、必然のミスのほうが圧倒的に多いのです。

字の雑さや書くスピードの遅さ以外にも、計算のきまりや計算知識、暗算力の不足などによって、ミスをしたり時間がかかったりしていることもありますから、実際に子どもが計算をしている様子を見ることで、原因を発見できるケースもあります。

見やすいノートの例

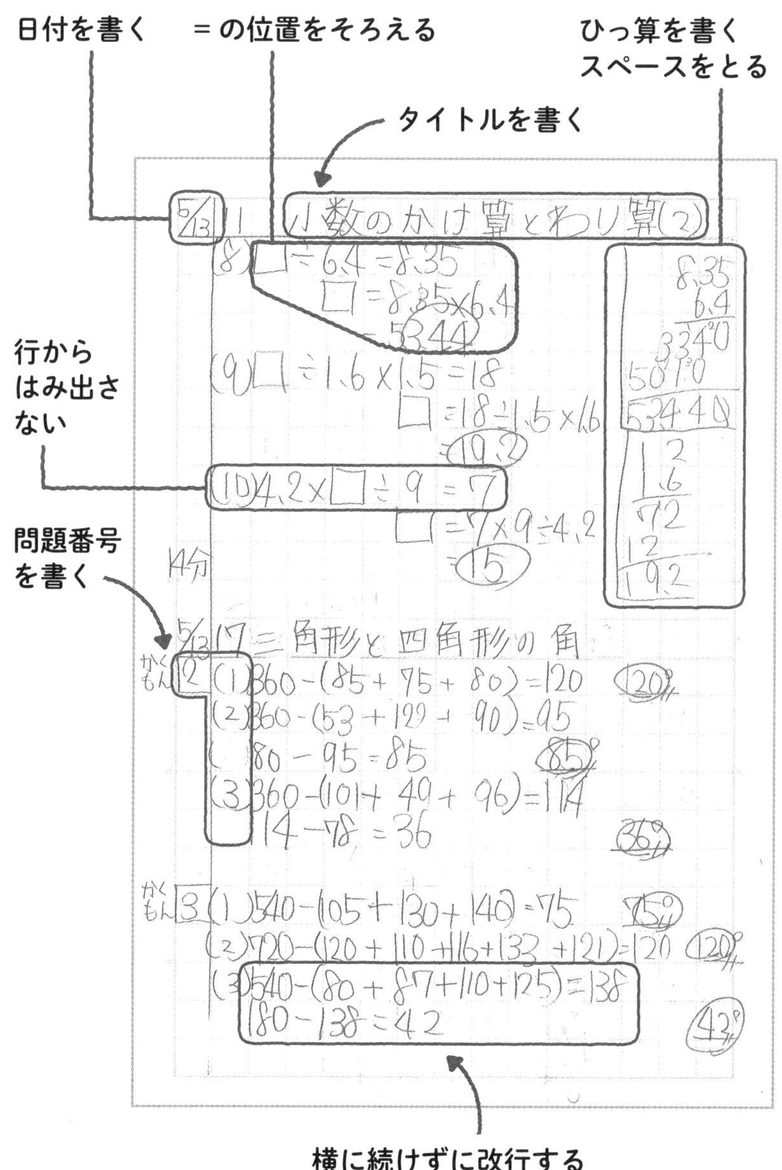

日付を書く
＝の位置をそろえる
ひっ算を書く
スペースをとる
タイトルを書く
行から
はみ出さ
ない
問題番号
を書く
横に続けずに改行する

写しまちがいや書きもれはどう防げばいいのか

必要な情報はすべてノートに書く
消しゴムも極力使わない

ミスが起きる最初の原因は「写しまちがい」や「書きもれ」です。最初からまちがった情報を書きこんでしまうと、その時点でアウト。どんなにていねいに問題を解いても、けっして正解にはたどりつけません。

こういったミスもゼロにすることはむずかしいですが、気をつければ計算ミスをへらすことはできます。

前出の「見やすいノート」の例のように、「日付、タイトル、問題番号を書く」などをルーティンにすることにより、「ノートを整理して書く」と同時に「気持ちを整えて問題に取り組む」ことができるようになります。また、式を横に続けて書くよりも、改行して書いたほうが写しまちがいや書きもれも少なくなります。左右よりも上下のほうが目の移動距離が短いため、ミスが起こりにくいのです。

私の塾では、問題を解くためのノートを「演習ノート」と言って、授業内容を板書するノートとは使い分けています。「演習ノート」では消しゴムは使わないことを原則にしています。書きまちがいをしたら、線や×をしてそのまま続けます。問題を解くときは、間を置かずに答えを出すまで集中をし続けることが大切です。消しゴムで消している間に「あれ、何をやっていたんだっけ？」みたいなことにならないよう、書きまちがいなどは気にせず最後まで集中して取り組む習慣をつけたいのです。人に見せるためのきれいなノートは必要ありません。むしろ、その子の思考のスピードをむやみに止めないことが、写しまちがいなどの凡ミスをへらすことにもつながると考えています。

消しゴムを使わないで計算をすると、どんどんノートがなくなってしまいます。たまにチラシの裏紙などに計算をしてくる子がいますが、これはおすすめしません。消しゴムを使わない理由には、まちがいを残しておくということも含まれています。どこでまちがったのか、を知ることは、子ども自身にとっても私たち教師にとっても大切な情報になるからです。当たり前ですが、裏紙には線や方眼などがないため、字間、行間、スペースのとり方の意識も身につきません。紙をむだ使いしないことは大切なことですが、それ以外に学習面においてはよいことはありません。ぜひ子どもの未来への投資と考えてどんどんノートを使わせてあげてください。

花まる式
宿題のとりくみ方

一気に片づけるのではなく、毎日やり続けることで計算力が定着する

夏休みが終わる直前に、宿題を一気に片づけてしまう。そんな経験をしたことがある人も多いのではないでしょうか。

宿題を終わらせることが目的になると、気持ちの入っていない単純な作業になってしまい、定着もしません。定着をさせるためにたくさんの宿題を出すと、逆に定着しないという皮肉なことが起きるのです。たまに自習室で学校の宿題をやっている子を見かけますが、とにかく終わらせたいので、大きな字でノートを埋めていたり、式を書くのが面倒くさいので答えだけを書こうとしていたり、何のための宿題か疑問に思うことがあります。

塾の宿題でも一週間の宿題をまとめて授業の前日にやるようなことはしないように伝えています。私の塾では「自学ノート」という自宅学習の時間を記入するためのノートを配付して、自分で計画的に勉強ができるように指導しています。「火曜日は計算の宿題を○

分、木曜日は理社の知識の宿題を〇分」というように、宿題にかける時間を記入して、その結果も書くようになっています。

大切なことは、

- どの宿題をいつ、何分かけてやるかを決める
- その時間内で集中して取り組む

ことなのですが、特に計算の宿題においては注意が必要です。

計算力をつけるには、ただやみくもに練習量を増やせばいいわけではありません。確かに少ないよりは多いに越したことはありません。しかしそのやり方が問題です。

一週間に70題解く場合、毎日10題ずつやることで効果が出てきます。1日で70題解いても毎日やるときと比べると力はつきません。その理由はこれまで書いてきた通り、計算とはスピードと正確さを両立させて取り組むものだからです。70題をだらだらとやってもあまり意味がないのです。スピードも落ちるし、集中が続かず正確さも危うくなります。確かに宿題は終わるかもしれませんが、それによって得るものは少ないのです。それに対して、1日10題と決めて、制限時間を設ければ、スピードと正確さを意識して取り組むことができます。結局、中学入試・高校入試でも計算問題はせいぜい2、3題しか出ません。また文章題や図形の問題でも計算は使われますが、連続して70題を解き切る力は必要ないのです。

低学年での計算練習のやり方

小学校低学年のうちは、1日3分と決めて練習することをおすすめします。決められた時間の中で最大限集中して解く。その毎日の繰り返しが大切です。また、どんどんむずかしくなるようなドリルではなく、同じような計算問題を繰り返しできるものがおすすめです。何度やってもミスしないくらいまで確実な力をつける。その中でスピードも上げていけばいいのです。最初のうちは3分内で終わらなくてもかまいません。残った問題に取り組む必要もありません。「今日は○○題できたね」でよいのです。そして次の日は、昨日できた問題数より1題でも多く解くことを目標にします。目標にするのは、ほかの子ではなく昨日の自分です。こういうスタンスで取り組むことにより、個々に合ったペースで伸ばしていくことができるのです。

くれぐれも、「3分以内で終わったら、次もやってしまいなさい」ということはやめましょう。「早く終わったの？じゃあ、ほかの問題集買ってきたからそれやってみる」というような思いやりは、子どもには通じないと思ってください。

第2章

整数計算

01 １けたの たし算とひき算

１年生

**たし算やひき算の感覚は、実際のものをつかって身につけよう。
ものの数え方もおぼえられるので、とても役に立つよ！**

問題

次の計算をしましょう。

（１）①あかいおりがみが５まい、あおいおりがみが４まいあります。あわせてなんまいですか。

②かえるが３ひきいます。４ひきがやってきました。かえるはあわせてなんひきになりましたか。

（２）①こどもが８にんあそんでいます。４にんかえるとなんにんになりますか。

②いぬが９ひき、ねこが６ひきいます。ちがいはなんひきですか。

これが正解

（１）①　式　$5+4=9$　こたえ　９まい

②　式　$3+4=7$　こたえ　７ひき

（２）①　式　$8-4=4$　こたえ　４にん

②　式　$9-6=3$　こたえ　３ひき

 花まる式ポイント

あわせる→たし算

ふえる→たし算

へる→ひき算

ちがい→ひき算

 たし算、ひき算の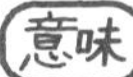意味を理解しよう

上達のコツ

声を出してものを数えるなど、ふだんからものと数字を結びつける

〈ものをつかう〉

・サイコロ2つをつかってすごろくあそび

・囲碁（いご）、オセロ、トランプなどのゲームで数字とふれあう

・お皿やコップ、くだものやおかしなど家の中にあるものをつかう

〈パズルあそび〉

すうじのめいろ

スタート

1	2	3	4
2	4	4	6
3	5	5	6

ゴール

数字を順番に通る

すうじのへや

1	3	2
2	1	3
3	2	1

タテ、ヨコのマスに
1〜3の数字が入る

スクエアパズル

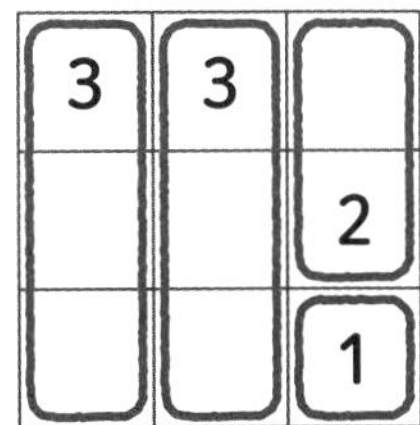

数字と同じ数だけ
マスを囲う

02 くり上がり

１年生

くり上がりのポイントは、数を分解して考えられるか。「たして10」になる2つの数をすぐに思い浮かべられるようにしよう！

問題

（１）次の計算をしましょう。

6＋9

（２）ドーナツが５こあります。さらに８こふえました。ぜんぶでいくつになりますか。

これが正解

サクランボ方式で計算しよう。

（１）

6＋9＝15

たして10になる　4　5

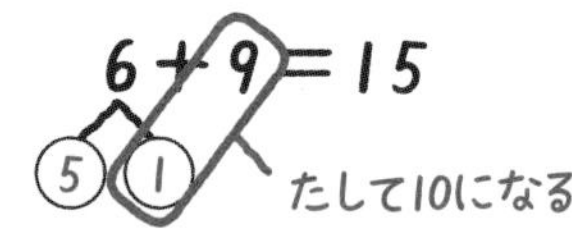

（２）

ドーナツ5こ

8こふえるので…

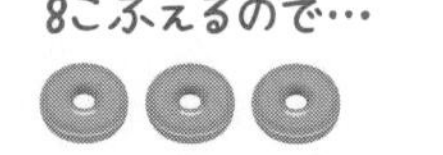

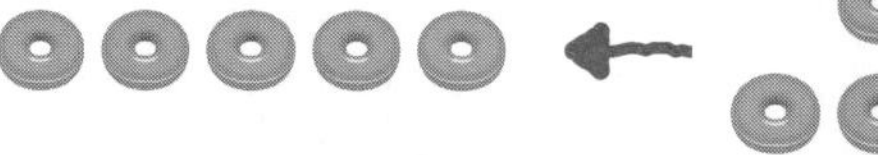

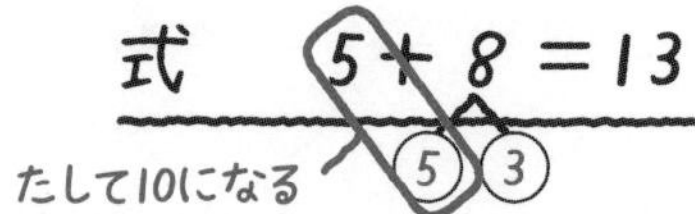

こたえ　13こ

花まる式ポイント

- 1けたの数の分解（サクランボ）
- たして10になる数

この2つがしっかりとわかるようになればかんたん！

1 + 9 = 10
2 + 8 = 10
3 + 7 = 10
4 + 6 = 10
5 + 5 = 10
6 + 4 = 10
7 + 3 = 10
8 + 2 = 10
9 + 1 = 10

「たして10」の数はすぐに思い浮かべられるようにしておこう！

上達のコツ

トランプをつかって練習をしよう！

①絵札（J、Q、K、ジョーカー）は抜いておく

②たして10になればカードをもらえて続けられる

③最後にカードの多い方が勝ち

03 くり下がり

1年生

くり下がりの計算も、くり上がりと同じように数の分解がポイント。「減加法（げんかほう）」、「減減法（げんげんほう）」のどちらかやりやすい方法で計算しよう。

▶ 問題

（１）次の計算をしましょう。

15－７

（２）おかしが12こあります。５こたべるとのこりはいくつですか。

これが正解

どちらのやり方も「たして10」になる数がパッと思い出せるかがポイントになる。

（１）

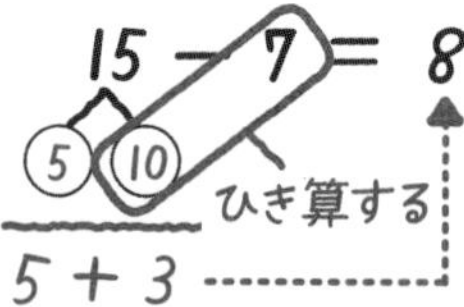

これが減加法

15（ひかれる数）を10と５に分ける

10－７＝３（減（げん）：ひき算）

５＋３＝８（加（か）：たし算）

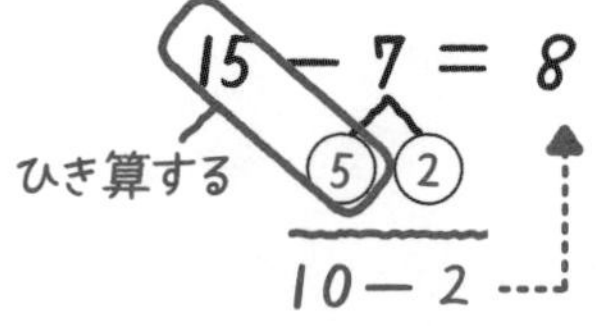

これが減減法

７（ひく数）を５と２に分ける

15－５＝10（減（げん）：ひき算）

10－２＝８（減（げん）：ひき算）

（2）

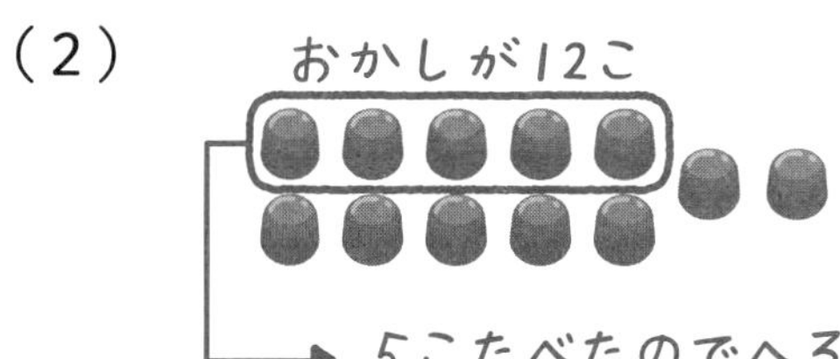

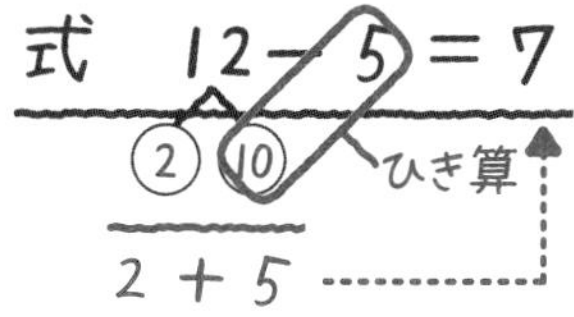

こたえ 7こ

花まる式ポイント

- 減加法、減減法はどちらをつかってもよい。やりやすいほうをつかおう！
- くり上がり、くり下がりは72通りしかないので、カードや単語帳をつかってスラスラできるようになるまで何度も練習しよう！（拙著（「算数嫌いな子が好きになる本」（カンゼン）をご覧ください。）
- ひき算は「たしかめ」をすればミスがへるよ！

例　　　12−5＝7

たしかめ　7＋5＝12

← こたえ（7）にひいた数（5）をたして、もとの数（12）になればOK！

04 たし算・ひき算のひっ算

2年生

ひっ算の手順を最初にしっかりおぼえてしまおう。

問題

次の計算をしましょう。

（１）
```
   4 7
＋1 6 5
```

（２）
```
 2 3 4
－  4 9
```

これが正解

ルールを無視して自己流でやってしまうとミスしてしまうから気をつけよう。

（１）

百の位	十の位	一の位
	4	7
＋ 1	6	5
2	1	2

① 一、十、百の位をしっかりそろえよう

② くり上がりはわすれずに書く

①位をそろえよう
②くり上がりのメモはわすれずに書こう

一の位がそろっていないとぜんぶずれてしまう

（2）

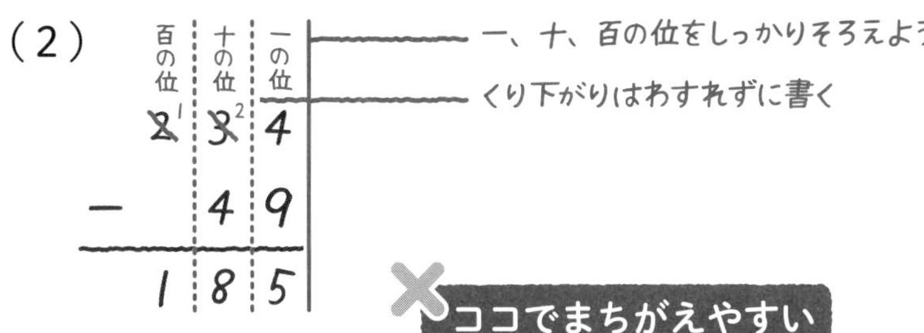

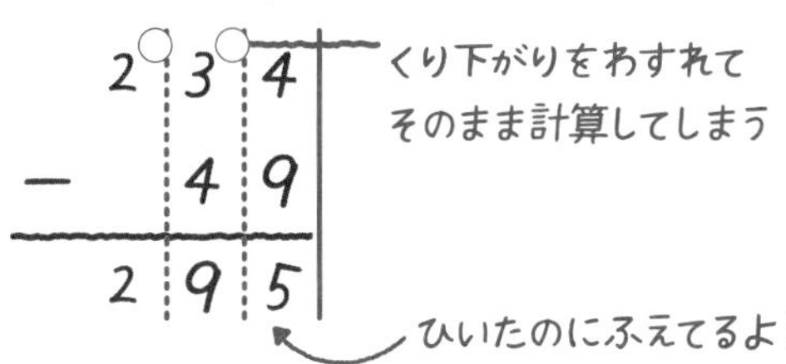

花まる式ポイント

・位をそろえるために、式を書く順番にも注意しよう！

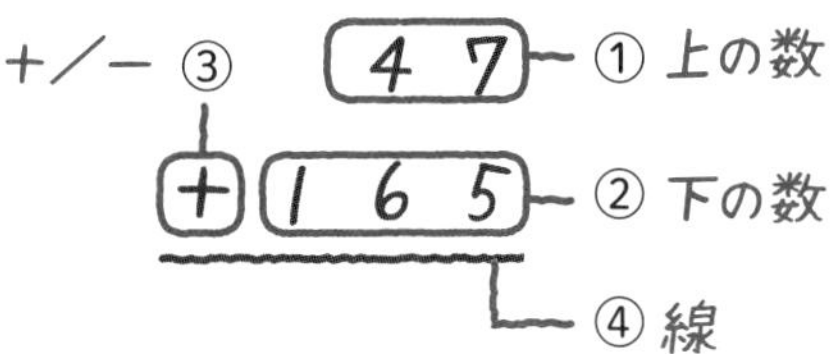

・たし算は上の数が大きいほうがやりやすい

ただし、ひき算では
入れかえはできないから注意！

05 たし算・ひき算の暗算

2年生

暗算の基本は分解して計算すること。なれれば頭の中で計算できるようになってくるよ。

▶問題

次の計算を暗算でしましょう。

（１）47＋38　　　（２）97－19

（３）28＋35＋22　　　（４）87－15－17

これが正解

分解して暗算する方法を身につけよう。

（１）

47＋38＝85

40　7　30　8

十の位どうしをたす
（40+30=70）

一の位どうしをたす
（7+8=15）

（２）

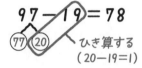

やり方① 減加法

97－19＝78

77　20

ひき算する
（20－19=1）

やり方② 減減法

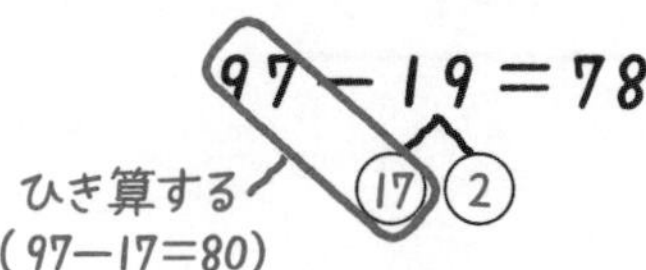

花まる式ポイント

（1）47を40と7に、38を30と8に分ける

40＋30＝70 ←十の位どうしをたす

7 ＋ 8 ＝15 ←一の位どうしをたす

70＋15＝85 ←十の位の合計と一の位の合計をたす

（2）やり方① 減加法

97を77と20に分ける

① 20－19＝ 1 ←20から19をひく

② 77＋ 1 ＝78 ←のこりの77に①のこたえを**たす**

やり方② 減減法

19を17と2に分ける

① 97－17＝80←97から17をひく

② 80－ 2 ＝78 ←①のこたえからのこりの2を**ひく**

「たしかめ」をしよう！

78＋19＝97 こたえ にひいた数をたして、
こたえ 正しいかたしかめる

これが正解

計算しやすいように数を入れかえてみよう。

（3）　28 + 35 + 22

（+ 35 と + 22 を入れかえる）

= 28 + 22 + 35

= 50 + 35

= 85

（＝の位置はそろえる）

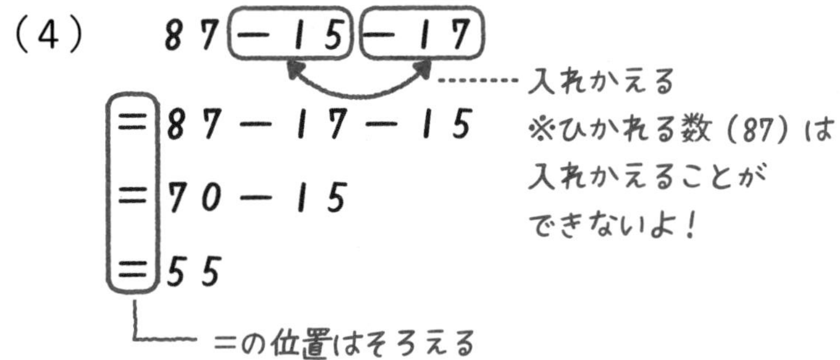

（4）　87 − 15 − 17

（− 15 と − 17 を入れかえる）

= 87 − 17 − 15

= 70 − 15

= 55

（＝の位置はそろえる）

※ひかれる数（87）は入れかえることができないよ！

花まる式ポイント

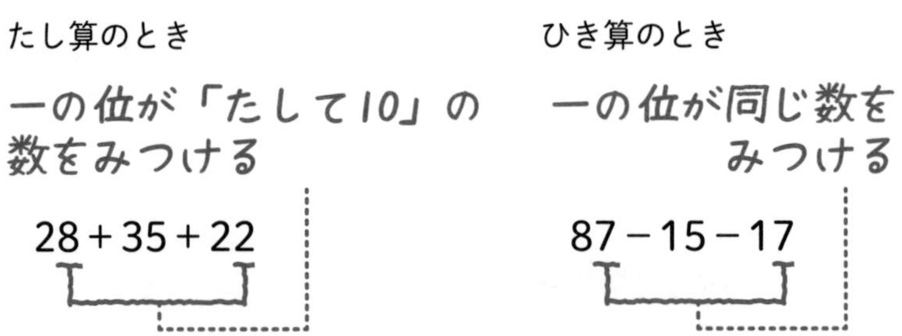

たし算のとき

一の位が「たして10」の数をみつける

28 + 35 + 22

ひき算のとき

一の位が同じ数をみつける

87 − 15 − 17

数を入れかえるとかんたんになる！

06 九九

2年生

九九は「速さ」よりも「正しく言える」ことが大切。おぼえにくい段は、ゆっくりでもよいのでしっかりと言えるようになろう。

▶問題

次の計算をしましょう。

（1）３×７　　（2）４×７

これが正解

正しくおぼえて言いまちがいをなくそう。

（1）３×７＝21　　（2）４×７＝28

3が7組あるので…

花まる式ポイント

大切なのは速さではなく……

九九を１００％正しく言えること

・まちがえやすい、おぼえにくい段は少しゆっくり言ってよい
・速く言えるところは速く言う

→ 特急電車（とっきゅうでんしゃ）と各駅停車（かくえきていしゃ）をうまく乗りつぐイメージで、スピードをしっかりと調節できるようになろう

とくに言いまちがいが多いのが……

３×７＝21　　４×８＝32　　６×８＝48
４×７＝28　　６×７＝42

上達のコツ

・自分がミスしやすいところを意識する

・上がり九九、　下がり九九、　バラバラ九九でおぼえる

上がり九九	下がり九九	バラバラ九九
↓	↓	↓
1 × 1 = 1	9 × 9 =81	7 × 8 =56
1 × 2 = 2	9 × 8 =72	4 × 3 =12
⋮	⋮	6 × 8 =48
9 × 8 =72	1 × 2 = 2	3 × 7 =21
9 × 9 =81	1 × 1 = 1	⋮

・ある数がこたえになる九九がいくつあるか考える

たとえば……

こたえが「24」になる九九は？

↓

3 × 8、4 × 6、6 × 4、8 × 3　→　4つ

・九九の練習は「音」だけでおぼえるのではなく、
しっかりと式（数）を見ながら声に出しておぼえる

07 ２けた×１けたの計算

3年生

２けた×１けたの計算は、できるだけ頭の中でひっ算するイメージで暗算ができるようになると◎。くり上がりをしっかり意識しよう。

問題

次の計算を暗算でしましょう。

（１）12×２　（２）23×３　（３）27×３

（４）28×７　（５）69×６

これが正解

頭の中でひっ算しよう！

（１）12×２＝24

（２）23×３＝69

（３）27×３＝81

（４）28×７＝196

（５）69×６＝414

ひっ算のイメージ
↓
暗算につなげる

花まる式ポイント

・くり上がりの数をいったん頭においておく

頭の中でひっ算をイメージするときに
大切なのが「くり上がり」の数。
これをしっかりと意識して頭の中に
おいておくことができれば、
正確に暗算ができるようになる

```
   2 7
×    3
-------
   8②1
```

これを頭において
考えられると
暗算が楽になる

・おすすめ81問を練習しよう

以下の問題は2けた×1けたのかけ算で、同じような計算にならないように工夫された81問だ。カードなどで練習して、頭の中でスラスラ計算できるようになれば、たとえば3けた÷2けたのわり算（ひっ算）などにも役立つよ

11×1	12×2	13×3	14×4	15×5	16×6	17×7	18×8	19×9
21×3	22×4	23×5	24×6	25×7	26×8	27×9	28×1	29×2
31×6	32×7	33×8	34×9	35×1	36×2	37×3	38×4	39×5
41×7	42×8	43×9	44×1	45×2	46×3	47×4	48×5	49×6
51×9	52×1	53×2	54×3	55×4	56×5	57×6	58×7	59×8
61×4	62×5	63×6	64×7	65×8	66×9	67×1	68×2	69×3
71×5	72×6	73×7	74×8	75×9	76×1	77×2	78×3	79×4
81×8	82×9	83×1	84×2	85×3	86×4	87×5	88×6	89×7
91×2	92×3	93×4	94×5	95×6	96×7	97×8	98×9	99×1

※この81問はこたえを暗記するくらい練習しよう！

08 かけ算の暗算

3年生

かけ算の暗算は、数字を入れかえるなどひと工夫するだけで一気にミスがへるよ。どんな工夫ができるかをつねに考えよう。

▶ 問題

次の計算を暗算でしましょう。

（１）18×15　　（２）16× 7 × 5

（３）25× 9 × 4

これが正解

どうすれば かんたんにこたえが出るか、考えてみよう。

（１）

18 × 15

半分　2倍

= 9 × 30

= 270

18×15よりも 9 × 30のほうがかんたんに計算できる！

(2)　$16 \times 7 \times 5$　入れかえる

$= 16 \times 5 \times 7$

$= 80 \times 7$

$= 560$

(3)　$25 \times 9 \times 4$　入れかえる

$= 25 \times 4 \times 9$

$= 100 \times 9$

$= 900$

花まる式ポイント

計算の工夫をすることでミスがへる

(1)「2倍半分」をつかう

かけ算は、どちらかの数を2倍にしても一方を半分にすれば、こたえが同じになる

18×15

半分　2倍

$= 9 \times 30$　← こたえは同じになる

(2)(3) 数を入れかえる

かけ算は数を入れかえてもこたえは同じになる

16× 7 × 5 ⇄ 16× 5 × 7

16× 7よりも16× 5のほうが暗算しやすい

25× 9 × 4 ⇄ 25× 4 × 9

こたえは同じになる

25× 9よりも25× 4のほうが暗算しやすい

おぼえているとべんりな式とこたえ

25× 2 ＝50　25× 4 ＝100　125× 8 ＝1000

数字を入れかえてこの式ができるときには、まよわず入れかえよう！

09 けたが大きい数のかけ算

3・4年生

けたが大きい数のかけ算のひっ算は手順が多いので、最初はていねいに取り組むことが大切。なれてくればスムーズにとけるようになるよ。

▶ 問題

次の計算をしましょう。

（1）　27 × 36

（2）　348 × 104

（3）180×2500

これが正解

ルールをまもって、正しい順番で計算しよう。

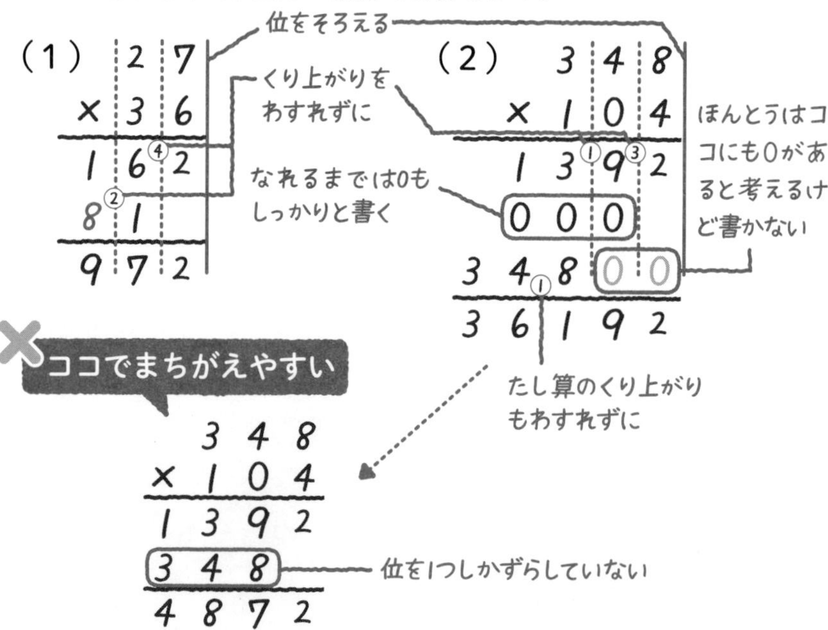

（3）

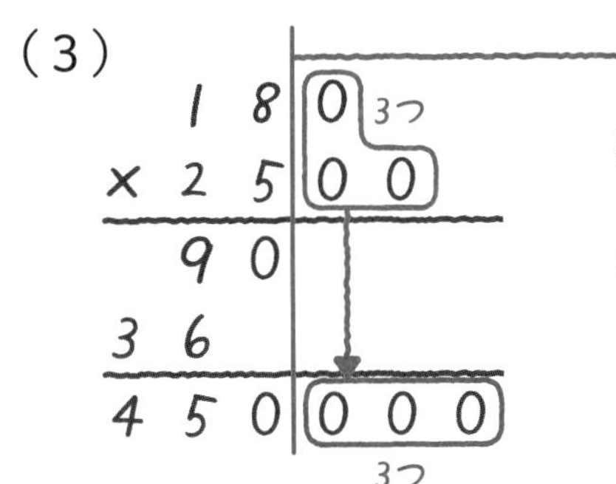

数字の0がおしりにあるときは、0をはずしたところでそろえて、あとで0を合計個数分おろす

こたえ　450000

花まる式ポイント

リズムよく正しい手順でといていこう！

（1）

$$27 \times 36$$

タテ　→　ナナメ　→　ナナメ

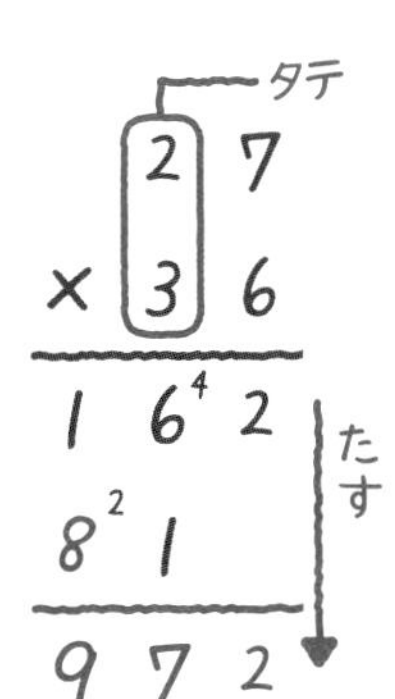

・タテのあとには
　ナナメにもかける

・くり上がりは
　ちゃんとメモする

これらのポイントをわすれずにしっかりと計算しよう！

10 わり算（基本）

3・4年生

２けた÷１けたをすばやく暗算できるようになると、わり算のひっ算も楽になり、ミスもへるよ！

▶ 問題

次の計算をしましょう。

（１）84÷4　　（２）8)448

これが正解

暗算とひっ算をしっかりとつかい分けよう。

（１）84÷4＝21

十の位　80÷4＝20

一の位　4÷4＝1

▶ 十の位と一の位を分けて計算する

十の位→80÷4＝20

一の位→4÷4＝1

20＋1＝21

こたえ　21

（２）

```
     56
8)448
   40
    48
    48
     0
```

こたえ　56

花まる式ポイント

2けた÷1けたは暗算でできるようにしよう！

（1）2けた÷1けたを暗算するには九九がカンペキになっていることが条件になるよ

ひっ算はリズムが大切。集中してとこう！

（2）わり算のひっ算は、「たてる、かける、ひく、おろす」のくりかえしだ

わり算のひっ算の手順

① 商（わり算のこたえ）をたてる

九九を思い出して、どこの位にどの数字をたてるかがすぐに思い浮かべられるようになろう！

② たてた数字をかける

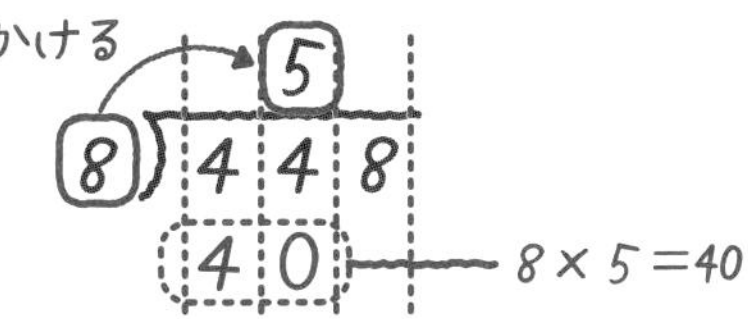

③ かけた数字をひく

```
     5
8 ) 4 4 8
    4 0
    ―――
      4
```

ひく

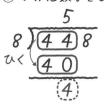

④ 数字をおろす

```
     5
8 ) 4 4 8
    4 0
    ―――
      4 8
```

おろす

⑤ ①～④をくりかえす

```
     5 6
8 ) 4 4 8
    4 0
    ―――――
      4 8
      4 8
    ―――――
        0
```

11 わり算（あまり）

3・4年生

わり算ではこたえに「あまり」が出ることがある。商はもちろん、あまりが正しいかもしっかりと確認しよう。

▶問題

次の計算をしましょう。あまりも出しましょう。

（１）49÷８　　　　（２）７００）４５３００

これが正解

商とあまりが正しいか、しっかりたしかめよう。

（１）49÷８＝６あまり１

わられる数　わる数　商　あまり

ココでまちがえやすい

49÷８＝５あまり９

わる数＞あまり　になっていない

（2）

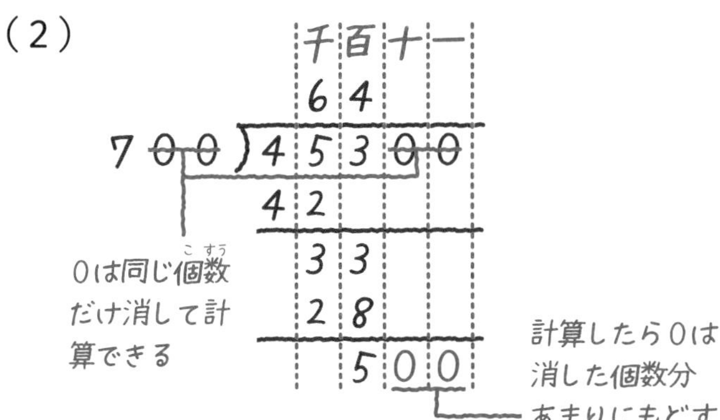

千 百 十 一
6 4
700)45300
42
33
28
500
0は同じ個数だけ消して計算できる
計算したら0は消した個数分あまりにもどす

こたえ　64あまり500

花まる式ポイント

わり算のたしかめ

商×わる数＋あまり＝わられる数

かならず、わる数＞あまりになっているかを確認しよう

（1）49÷8＝5あまり9

たしかめ

5×8＋9＝49

たしかめでは、
正しいように思えるけど……
わる数（8）＜あまり（9）で、
わる数＞あまり　になっていないので、
まちがい

12 わり算（0のあつかい）

4年生

わり算のひっ算では、０のあつかい方でミスをしてしまうことが多い。とくに商の０のつけわすれに注意しよう！

▶ 問題

次の計算をしましょう。あまりが出るときはもとめましょう。

（1）6)125　（2）4)816　（3）3)603

これが正解

商に0のつけわすれがないかたしかめよう！

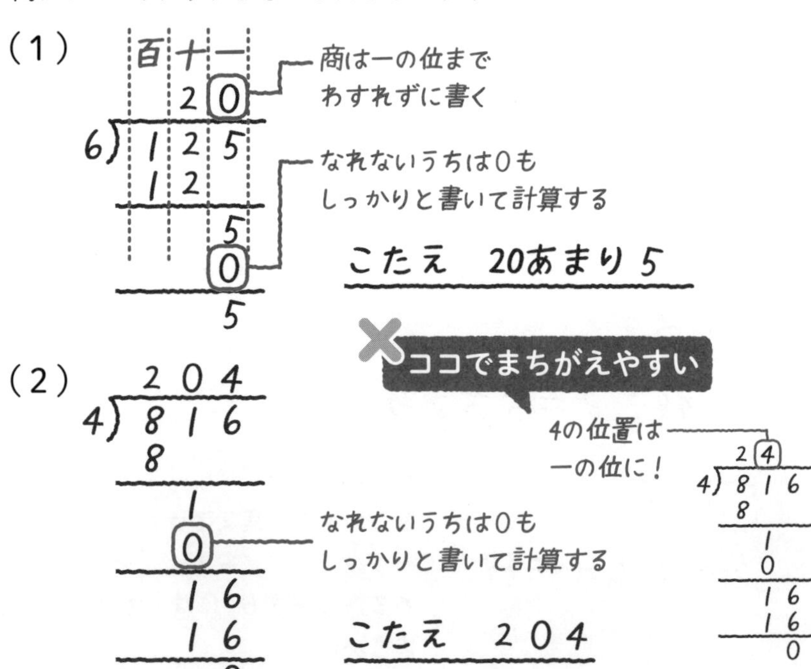
（1）
百 十 一
商は一の位まで
わすれずに書く
なれないうちは0も
しっかりと書いて計算する
こたえ　20あまり５
（2）
ココでまちがえやすい
4の位置は
一の位に！
なれないうちは0も
しっかりと書いて計算する
こたえ　２０４

(3)

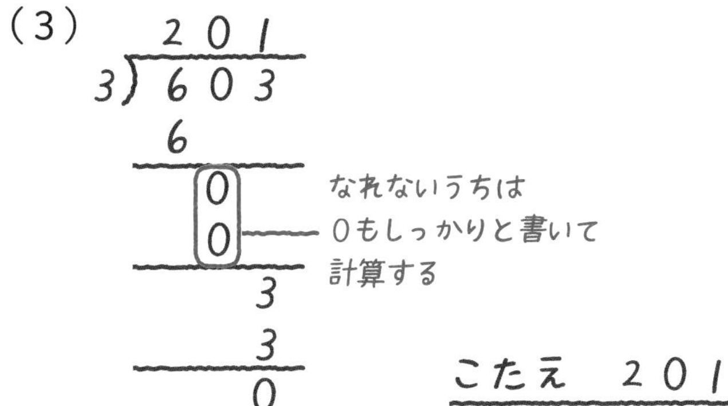

花まる式ポイント

自信がついてきたら「0」の計算は省略しよう！

「0」の計算はなれるまでは書いたほうが確実だけれど、自信がついたら書かなくてよい。すばやく計算できるし、ミスもしないよ！

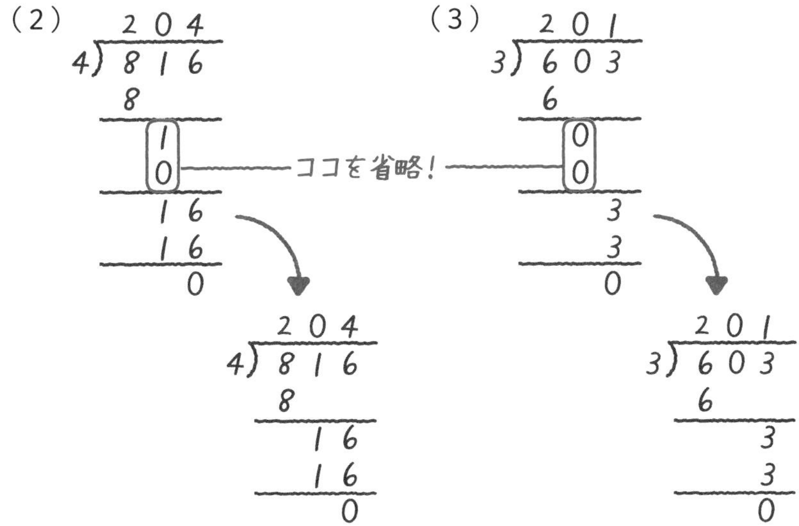

13 わり算（3けた÷2けた）
4年生

3けた÷2けたの計算が苦手！という場合は、まずは2けた×1けたの計算をスラスラできるようにしよう！

▶問題

次の計算をしましょう。あまりも出しましょう。

（1）18)749　　（2）41)359

これが正解

正しい商をたてることができるかがポイント

（1）

商：41

```
     41
18)749
   72
    29
    18
    11
```

あまり：11

こたえ　41あまり11

✕ココでまちがえやすい

```
     392
18)749
   54
   209
   162
    47
    36
    11
```

4をためさずに3ときめつけてしまう

18より大きいことに気づいていない

（2）

商：8

```
      8
41)359
   328
    31
```

あまり：31

こたえ　8あまり31

✕ココでまちがえやすい

```
      9
41)359
   369
    10
```

下から上をひいてしまっている

花まる式ポイント

2けた×1けたを暗算できるようになっておこう！

3けた÷2けたのわり算をひっ算するとき、「2けた×1けた」を暗算できるようになっておくと、すばやく計算できる！

（1）

```
       41
18 ) 749
     72
      29
      18
      11
```

18×3、18×4、18×5をすばやく暗算できれば、商に4がたつことがすぐわかる！

「たしかめ」をしよう！

わり算のこたえは
商×わる数＋あまり＝わられる数
で「たしかめ」ができる。
41×18＋11＝749……OK
わる数＞あまり
18 ＞ 11 ……OK

（2）

```
         9
41 ) 359
     369
      10
```

たしかめ

9×41＋10＝379

あれ？ちがう！？
まちがいに気づける

第 3 章

小数計算

14 小数のたし算・ひき算（基本）

3年生

小数のたし算・ひき算は、基本的に整数と同じように計算する。
ポイントは「小数点をそろえる」こと！

▶ 問題

次の計算をしましょう。

（１）1.4＋2.7　　　　（２）7.2－3.2

これが正解

小数点の位置をそろえて計算したら、そのまま小数点をおろす。

小数点以下のおしりの数字が0なら消そう！

（１）

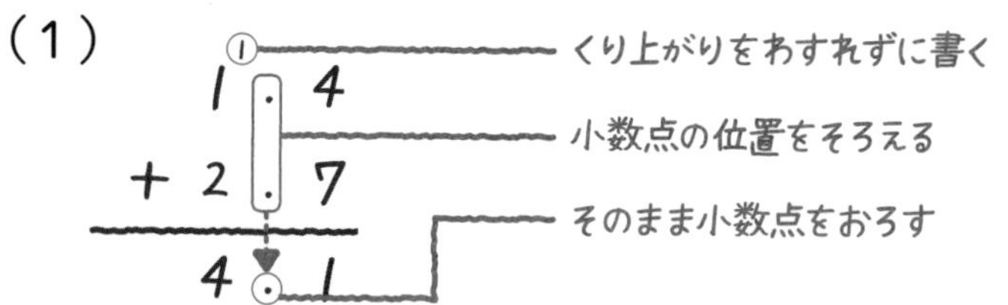

こたえ　4.1

（２）

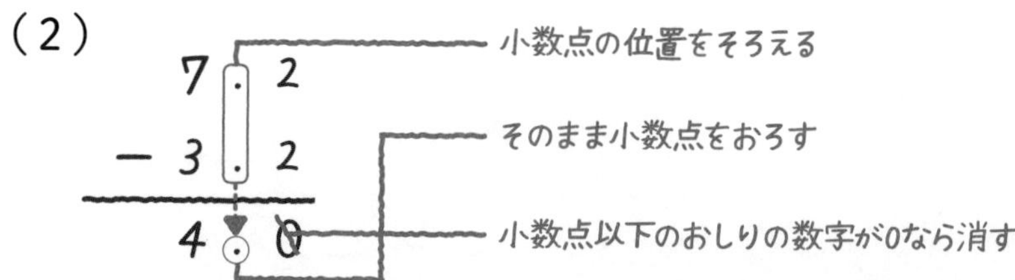

こたえ　4

花まる式ポイント

基本の計算方法は整数と同じだけれど、小数点の位置をしっかりそろえよう！

正しい計算の手順

(1)

```
 1        (くり上がりをメモ)
 1 . 4
+2 . 7
------
     1

 1
 1 . 4
+2 . 7
------
 4   1

 1
 1 . 4
+2 . 7
------
 4 . 1   (そのまま小数点をおろす)
```

0の消しわすれ、つけわすれに注意しよう！

0を消すとき→小数点以下のおしりの数字が0のとき

(2)

```
  7 . 2
- 3 . 2
-------
  4 . 0   (0を消す)
```

例
1.40 = 1.4
3.0 = 3

0をつけるとき→一の位（小数点の左）が0になったとき

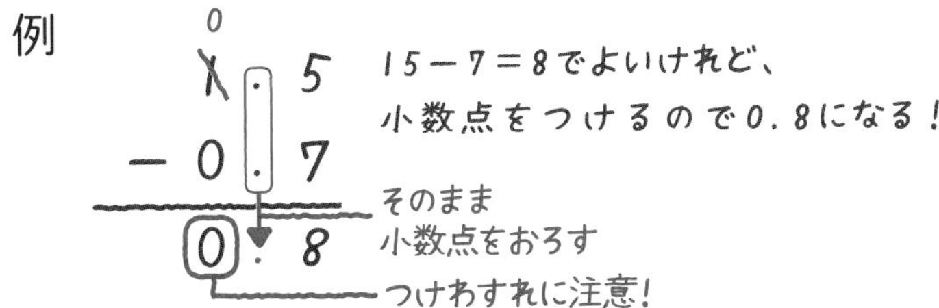

15 小数のたし算・ひき算（かくれている０）

4年生

小数点以下にかくれている０に注意しながら、小数点をそろえて計算しよう。

▶ 問題

次の計算をしましょう。

（１）2.8＋1.25　　　（２）6－0.08

これが正解

小数点をそろえたときに、小数点以下に0がかくれていることがあるよ。

（１）

```
   2.8      ← ココに0がかくれている
 + 1.25
 ------
   4.05     小数点をそろえておろす
```

こたえ　4.05

✕ ココでまちがえやすい

```
   2.8
 + 1.25
 ------
   4.05
```

おしりの0ではないのに消してしまう

こたえ　4.5

（2）

```
  5    9
  6 . 0 0
－0 . 0 8
―――――――
  5 . 9 2
```

くり下がりをわすれずにかく

ココに0がかくれている

小数点をそろえておろす

こたえ　5.92

花まる式ポイント

整数計算はおしりをそろえる！
小数計算は小数点をそろえる！

小数の計算の場合

（1）

```
  2 . 8
＋1 . 2 5
―――――――
  4 . 0 5
```

小数点をそろえる

整数の計算の場合

たとえば
28＋125のときは……

```
    2 8
＋1 2 5
―――――
  1 5 3
```

おしりをそろえる

一の位の右には小数点がかくれている！

（2）

```
  6 . 0 0
－0 . 0 8
―――――――
  5 . 9 2
```

6＝6.00……であることを理解できれば、あとは小数点をそろえよう！

3年生までの整数の計算が正しくできていれば、だいじょうぶだね！

16 小数のかけ算（小数×整数）

4・5年生

小数のかけ算はたし算、ひき算のように小数点をそろえるのではなく、数字のおしりをそろえて計算する。

▶ 問題

次の計算をしましょう。

（１）0.7×3　　　　（２）2.6×20

これが正解

おしりをそろえたあと、整数のときと同じように計算する。

こたえの小数点の打ちかたがポイント！

（１）

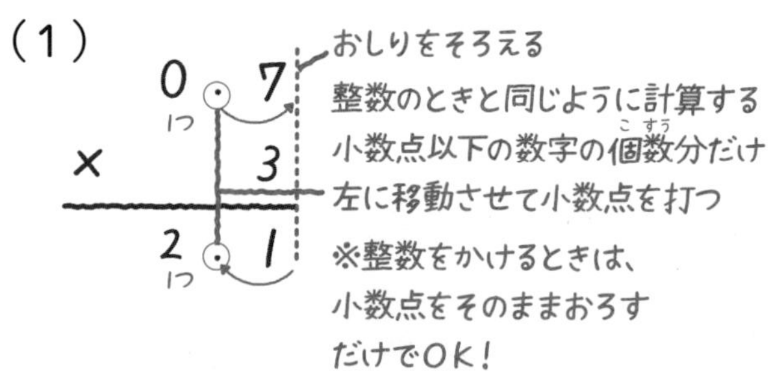

0 . 7
1つ
× 3
2 . 1
1つ
おしりをそろえる
整数のときと同じように計算する
小数点以下の数字の個数（こすう）分だけ
左に移動させて小数点を打つ
※整数をかけるときは、
小数点をそのままおろす
だけでOK！

こたえ　2.1

ココでまちがえやすい

0.7 × 3 = 0.21

0×3=0をのこして、
そこに小数点を打っている

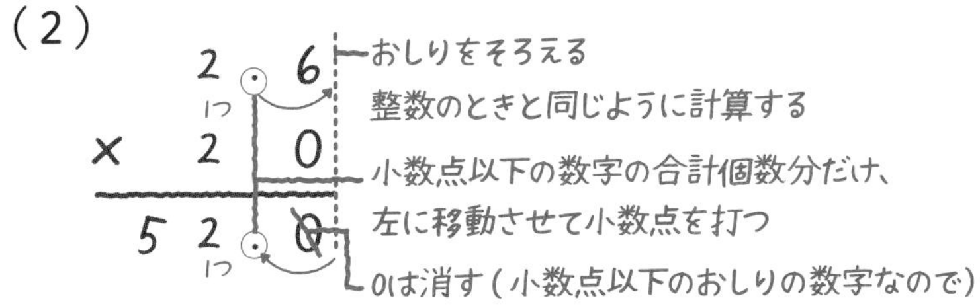
(2)
2 . 6
1つ
× 2 0
5 2 . 0
1つ
おしりをそろえる
整数のときと同じように計算する
小数点以下の数字の合計個数分だけ、
左に移動させて小数点を打つ
0は消す（小数点以下のおしりの数字なので）

こたえ　52

花まる式ポイント

小数点以下のおしりの0を消すときは、
小数点を打ってから消すこと！

```
    2.6           小数点を打ってから        2.6
×  2 0                 →             ×  2 0
  5 2.0                                 5 2.0̸
                                          0を消す
```

先に0を消してしまうと……

```
    2.6           小数点を打つ              2.6
×  2 0                 →             ×  2 0
  5 2 0̸                                5.2 0̸
   0を消してから                        位がずれてしまう
```

17 小数のかけ算（小数×小数）

5年生

小数×小数の場合も、整数のときと同じように計算してから、小数点を正しい位置に打つことがポイント。

▶問題

次の計算をしましょう。

（１）1.54×0.8　　　　（２）2.4×1.05

これが正解

基本は「小数×整数」と同じ。小数点の移動の個数をまちがえないこと！

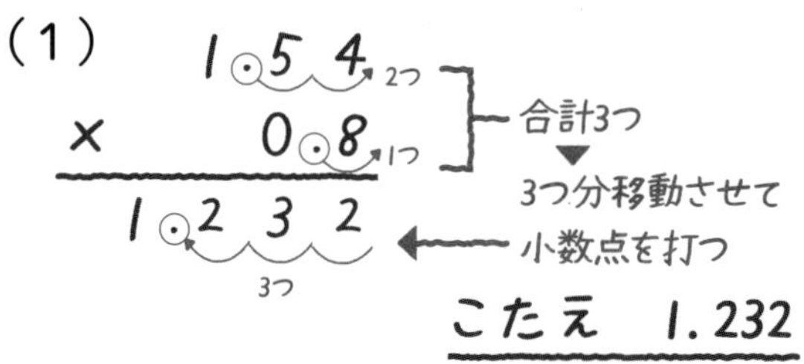

「かける数とかけられる数の小数点以下の数字の合計個数（こすう）分」だけ左に移動させて小数点を打つ

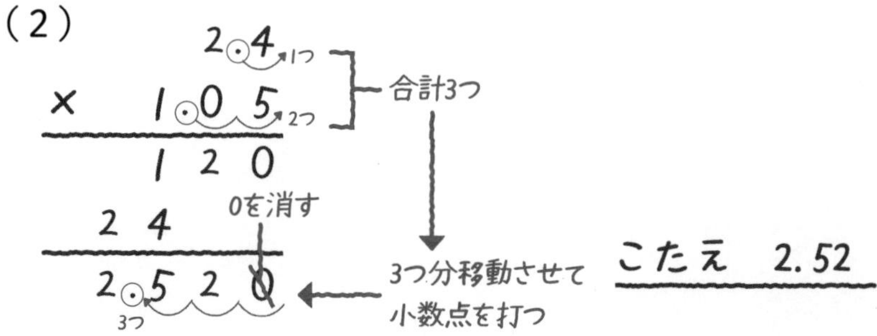

花まる式ポイント

小数点の位置がどこになるか、
しっかり確認しよう

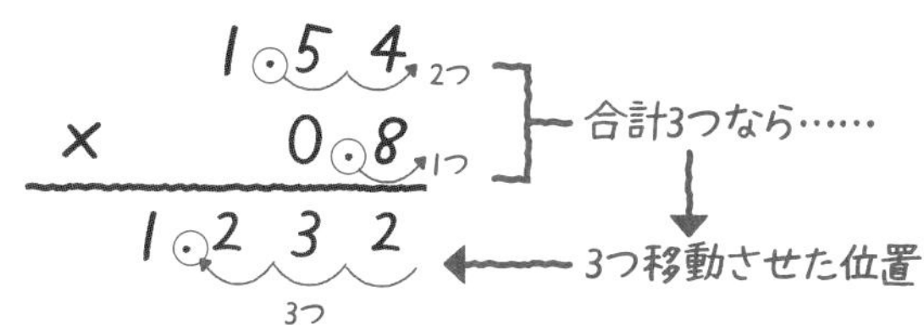

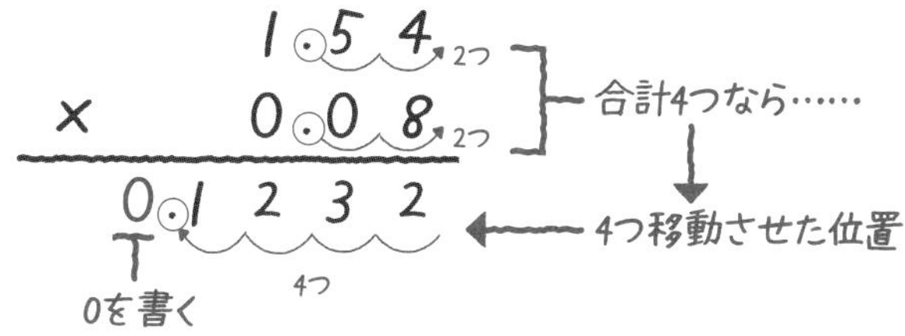

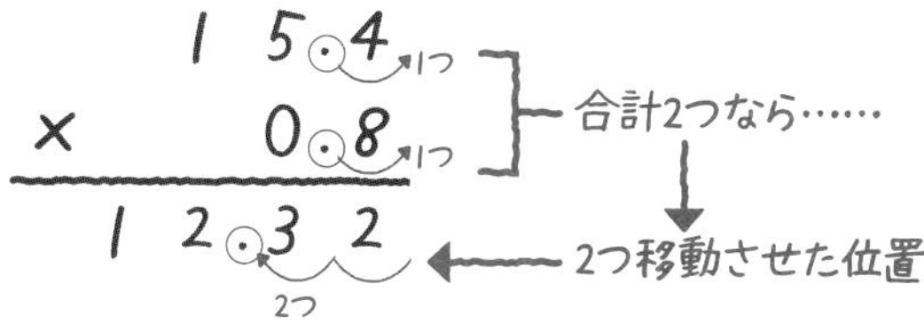

18 小数のかけ算（小数点の移動）

4・5年生

小数のかけ算では、「小数点の移動」のやり方と意味を理解できれば、計算ミスはへるよ！

▶ 問題

次の計算をしましょう。

（1）2.14×10　　（2）3.27×0.1　　（3）3.5×40

これが正解

小数点を右に1つ移動すると「×10」、左に1つ移動すると「÷10」したことと同じになる。

（1）　2.14×10.0

小数点を右に1つ移動（×10と同じ）

小数点を左に1つ移動（÷10と同じ）（10=10.0と考えよう）

かけ算の場合
かけられる数×10
かける数÷10

↓

こたえは同じ

↓

小数点を1つ移動してももういっぽうを逆の方向に1つ移動させればこたえは変わらない

＝21.4×1
＝21.4

（2）　3.27×0.1

＝0.327×1
＝0.327

（3）　3.5×4.00

$= 35 \times 4$

×2　÷2

$= 70 \times 2$

$= 140$

2倍半分のワザ

かけ算は
かけられる数×2（2倍）
かける数÷2（半分）
にしてもこたえが変わらない

花まる式ポイント

かけ算をしてもこたえが小さくなることがある

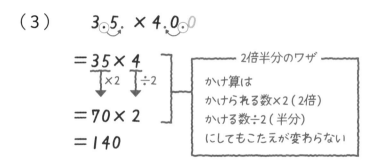

「かけ算」というと、どうしても「こたえはかけられる数よりも大きくなる」とイメージしがちだけど、かける数によっては小さくなることもあるよ

例

（2）　3.27×0.1

$= 0.327 \times 1$

$= 0.327$

かけたのに数が小さくなる

1より小さい小数をかけたとき、こたえはかけられる数よりも、小さくなる

19 小数のわり算（小数÷整数）

4・5年生

小数÷整数のわり算は、商に小数点を打つこと以外は整数÷整数と同じやり方でOK！

▶ 問題

わりきれるまで計算しましょう。

（1）8.4÷3　　（2）3.92÷7

これが正解

商の小数点の位置をたしかめよう！

（1）

```
    2.8
  ┌───
3 ) 8.4
    6
  ───
    2 4
    2 4
  ───
      0
```

わる数が整数の場合は
わられる数の小数点を真上に移動させる
（そのほかは整数どうしのわり算と同じ）

こたえ　2.8

（2）

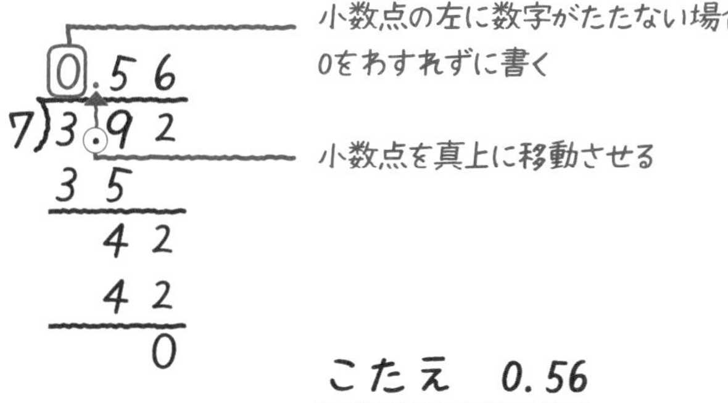
小数点の左に数字がたたない場合は、0をわすれずに書く
小数点を真上に移動させる

こたえ　0.56

花まる式ポイント

整数÷整数でこたえが小数になるときは、小数点や0がかくれていることに注意しよう！

例　3÷4

0.75
4)3.00
28
20
20
0

ココに0がかくれている

こたえ　0.75

20 小数のわり算（小数÷小数）

5年生

小数どうしのわり算の場合も、計算のやり方は整数と同じ。ただし、小数点を移動させる手順がポイントなので、しっかり身につけよう！

▶ 問題

わりきれるまで計算しましょう。

（１）5.17÷2.2　　（２）1.8÷7.5　　（３）16.2÷0.36

これが正解

やり方だけでなく小数点の移動の意味も理解しておこう！

（１）

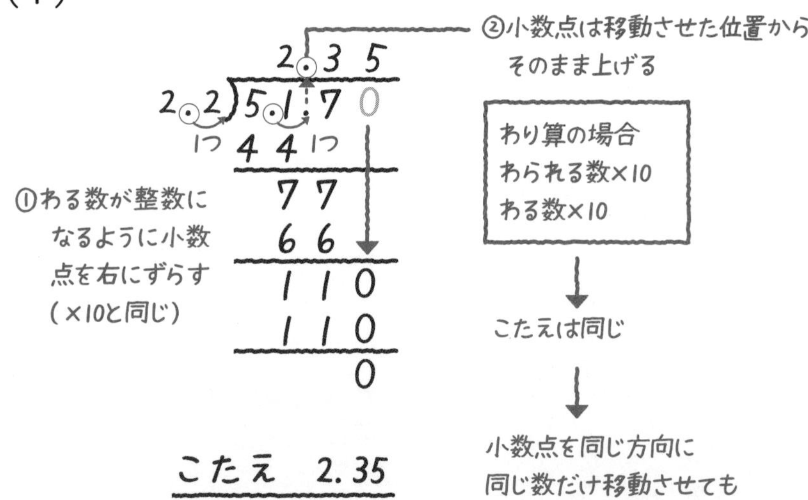

②小数点は移動させた位置からそのまま上げる
2.3 5
2.2)5.1 7 0
4 4
7 7
6 6
1 1 0
1 1 0
0
①わる数が整数になるように小数点を右にずらす（×10と同じ）
わり算の場合
わられる数×10
わる数×10
こたえは同じ
小数点を同じ方向に同じ数だけ移動させてもこたえは変わらない
こたえ　2.35

(2)

```
          0.2 4
    ┌────────────
7.5 ) 1 8.0 0
      1 5 0
      ─────────
        3 0 0
        3 0 0
      ─────────
            0
```

わられる数×10
わる数×10
でもこたえは同じ

こたえ　0.24

(3)

```
            4 5
     ┌────────────
0.3 6 ) 1 6.2 0.
        1 4 4
        ─────────
          1 8 0
          1 8 0
        ─────────
              0
```

わられる数×100
わる数×100
でもこたえは同じ

こたえ　45

花まる式ポイント

小数点を移動させる手順を身につけよう！

①わる数が整数になるように小数点を移動させる

$$2.2\overline{)5.17}$$

1つ

②①で移動させた数だけ、わられる数の小数点を同じ方向に移動させる

$$22.\overline{)51.7}$$

1つ

③②の小数点の位置が、そのまま商の小数点の位置になる

$$22\overline{)51.7}$$

④あとは整数のわり算のときと同じように計算する

```
      2.35
22 )51.7
    44
    ----
     77
     66
    ----
     110
     110
    ----
       0
```

21 小数のわり算（あまり）

5年生

小数のわり算で「あまり」が出るとき、注意しなければいけないのが「あまり」の小数点の位置。ミスをしやすいところなので、何度も練習しておこう！

▶ 問題

（１）次の式の商を小数第1位までもとめ、あまりも出しましょう。

55.2 ÷ 7

（２）次の式の商を小数第2位までもとめ、あまりも出しましょう。

8.8 ÷ 3.4

これが正解

あまりのどこに小数点を打つか、しっかりたしかめよう。

（１）

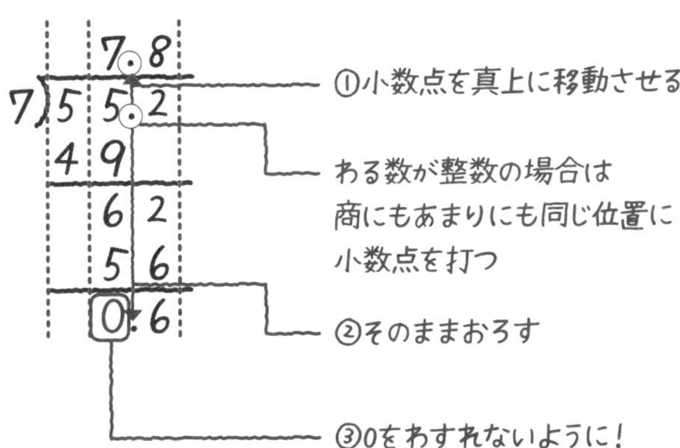
①小数点を真上に移動させる
わる数が整数の場合は
商にもあまりにも同じ位置に
小数点を打つ
②そのままおろす
③0をわすれないように！

こたえ　7.8あまり0.6

（2）

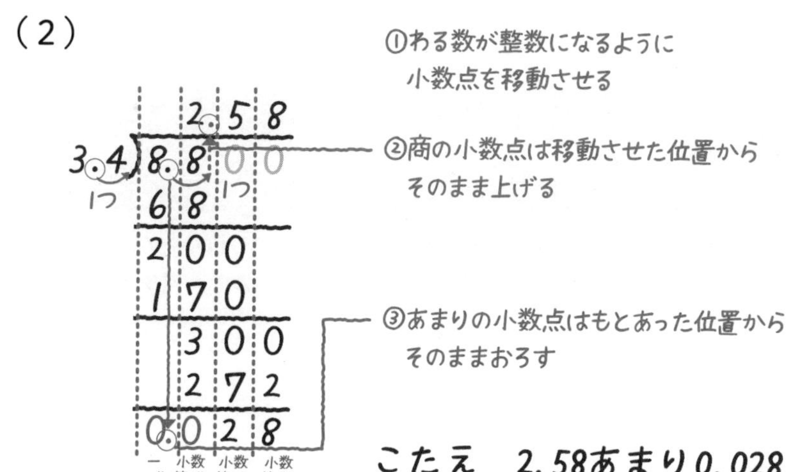

こたえ　2.58あまり0.028

花まる式ポイント

「位」を意識して小数点を打つ位置をまちがえないようにしよう！

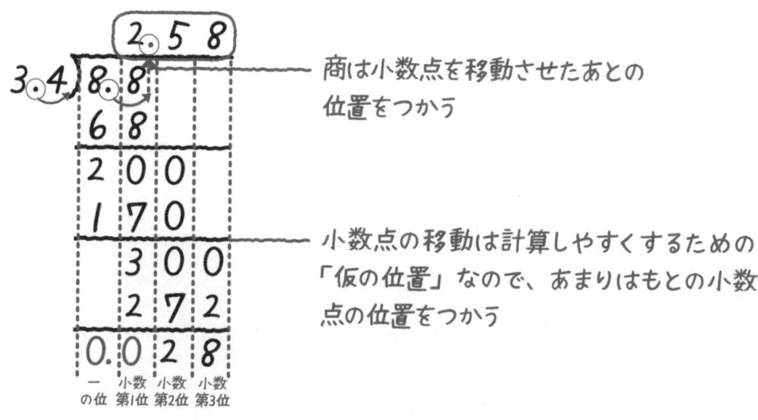

商は小数点を移動させたあとの
位置をつかう
小数点の移動は計算しやすくするための
「仮の位置」なので、あまりはもとの小数
点の位置をつかう
一の位
小数第1位
小数第2位
小数第3位

22 小数のわり算（小数点の移動）

4・5年生

かけ算と同じように、わり算も小数点を移動させることで楽に暗算できて、ミスもふせげるよ。

▶問題

次の計算をしましょう。

（１）13.4÷10　　（２）25÷0.1　　（３）0.24÷0.06

これが正解

（１）13.4÷10.0 ］小数点を左に1つずつ移動

1つ　1つ

＝1.34÷1

＝1.34

わり算では……

同じ方向に同じ数だけ小数点を移動させてもこたえは変わらない

※かけ算でこたえを同じにするためには逆方向に移動させる

（２）25.0÷0.1

1つ　1つ

＝250÷1

＝250

（3）$0.24 \div 0.06$
（2つ）（2つ）

$= 24 \div 6$

$= 4$

花まる式ポイント

わり算の場合、同じ方向に小数点を移動してもこたえは変わらない

6人を3人ずつに分けると2組できる

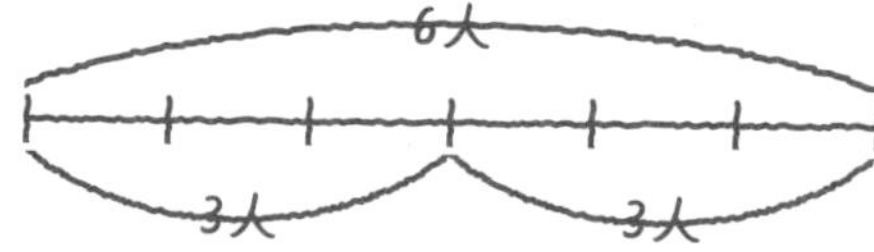

$6 \div 3 = 2$

60人を30人ずつに分けると2組できる

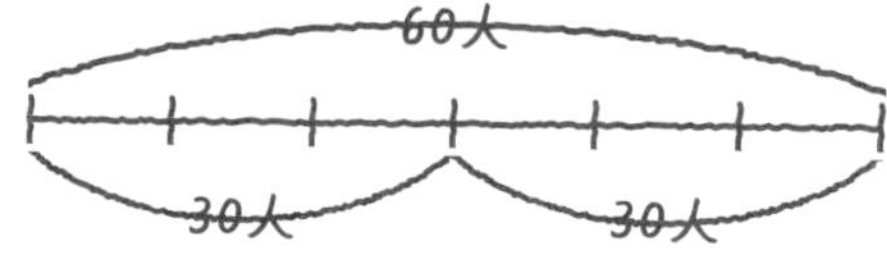

$60 \div 30 = 2$

600人を300人ずつに分けると2組できる

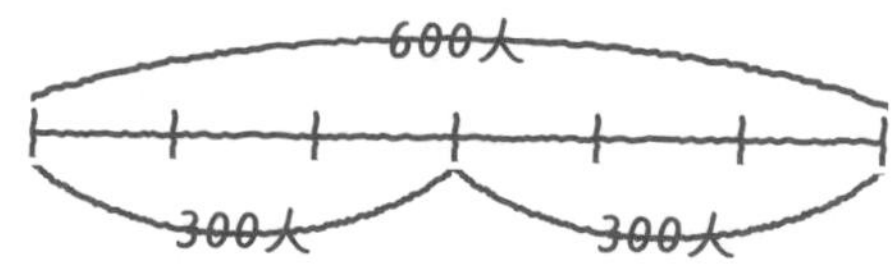

$600 \div 300 = 2$

わる数とわられる数が両方とも10倍、100倍や$\frac{1}{10}$、$\frac{1}{100}$になってもこたえは変わらない

第4章

分数計算

23 分数の意味と書き順

3年生

分数にも正しい書き順があるよ。変なくせをつけてしまうと計算ミスのもとになることもあるので気をつけよう！

▶ 問題

（1）$\frac{1}{3}$ を正しい書き順で書いてみましょう。

（2）$\frac{2}{5}$ という分数はどんな数を表しているのか説明しましょう。

これが正解

分数を書くときは「○ぶんの○」と、言いながら練習することで、書き順をおぼえていこう！

（1）― → $\frac{}{3}$ → $\frac{1}{3}$

横の線　「3」ぶんの　「1」

「3ぶんの1」と、声に出して言ってみよう

※帯分数のときは整数部分をいちばん先に書いて、あとは同じ　2 → 2― → $2\frac{}{3}$ → $2\frac{1}{3}$

ココでまちがえやすい

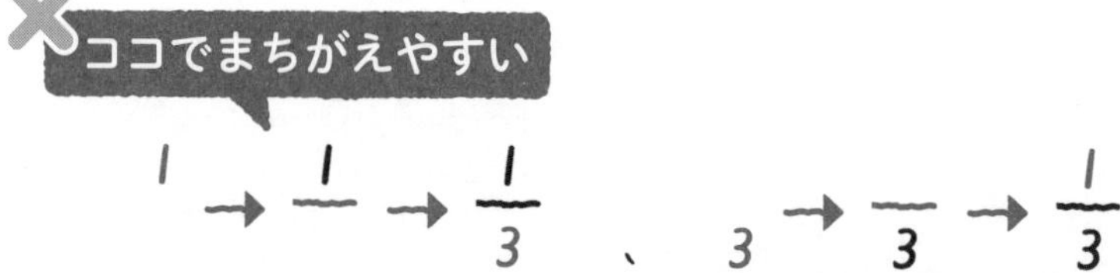

変な書き順をおぼえてしまうと、それが原因で計算ミスしてしまうこともある

「等分」とは等しく分けること。分数は小数と同じように、1より小さい数を表すことができる。

(2)

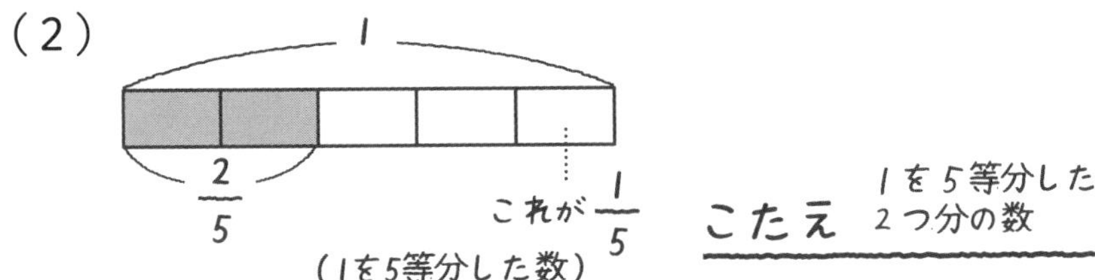

こたえ 1を5等分した2つ分の数

花まる式ポイント

(1) 最初は声に出して読みながら書こう

はじめに横の線 — 、次に分母 $\frac{}{3}$ 、最後に分子 $\frac{1}{3}$

(2) ▲/● という分数は、1を●等分した▲個分という意味(●は分母、▲は分子)

分数は実際に「1つ、2つ、3つ」と数えることができる数ではないので、理解がむずかしい。「3・4年生のかべ」として、ここでつまづいてしまうことも多いので、分数とはどういう数か、しっかりと説明できるようになろう

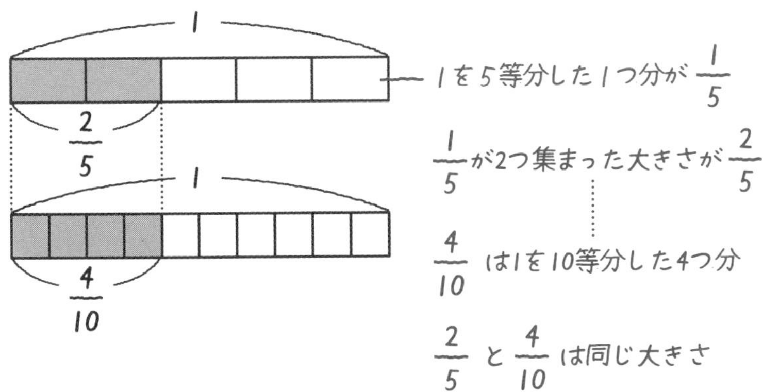

24 約分

5年生

分母と分子をそれらの公約数（こうやくすう）でわって、分母の小さい分数にすることを約分といいます。約分できるときはかならずやりましょう。

▶ 問題

次の分数を約分しましょう。

（1）$\frac{36}{48}$　　　　（2）$\frac{105}{273}$

これが正解

なるべく少ない手順でおこなうことと、わりきれる数がないか最後まで確認することが大切。

（1）$\frac{36^{6}}{48_{8}}$ → $\frac{36^{6\ 3}}{48_{8\ 4}}$

（6で約分）（2で約分）

こたえ　$\frac{3}{4}$

ココでまちがえやすい

$\frac{36^{18}}{48_{24}}$ → $\frac{36^{18\ 9}}{48_{24\ 12}}$　こたえ　$\frac{9}{12}$

まだ約分できる。2以外で約分しようとしていない

（2） $\frac{105^{35}}{273_{91}}$ → $\frac{105^{35\ 5}}{273_{91\ 13}}$

（3で約分）　（7で約分）

こたえ $\frac{5}{13}$

花まる式ポイント

できるだけ大きな数で約分しよう

（1） $\frac{36^{6}}{48_{8}}$ → $\frac{36^{6\ 3}}{48_{8\ 4}}$ → $\frac{36}{48}=\frac{3}{4}$

（6で約分）　（2で約分）

$\frac{36^{3}}{48_{4}}$ → $\frac{36}{48}=\frac{3}{4}$

（12で約分）

大きな数で約分したほうが少ない計算ですむ

↓

計算ミスが少なくなる

連除法（すだれ算）を活用しよう

（1）

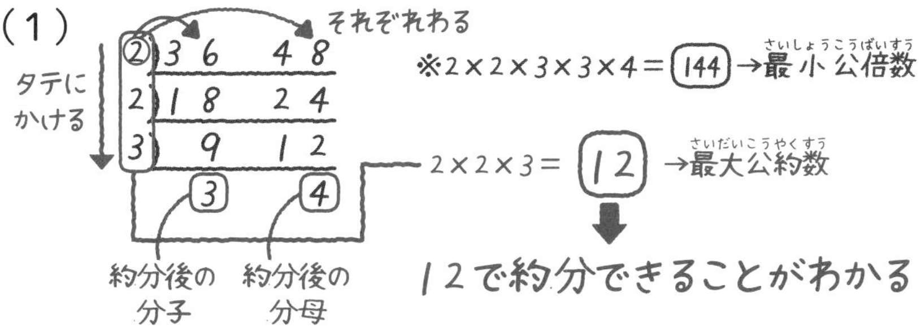

花まる式ポイント

約分は2、3、5、7でためしてみよう

数を見たときに、どの数字で約分できるかがすぐにわかるようになると、計算が一気に楽になる。基本は「2、3、5、7」で約分できないかためしていくのがポイントだよ！

2の倍数 ＝ 一の位が偶数の数
（12、124、256など）

3の倍数 ＝ すべての位の数字をたすと3の倍数になる数
（105、171、273など）

5の倍数 ＝ 一の位が0または5の数
（45、210、365など）

7の倍数 ＝ 7の段のほかに、
7×11=77、7×13=91、7×17=119　などの数

（2）

$\frac{105}{273}$

105 → 1＋0＋5＝6
273 → 2＋7＋3＝12

どちらも3の倍数

↓

3で約分できることがわかる

2、3、5、7で約分できないからってあきらめないで！
11、13、17……などの素数で約分できないかトライしてみよう。

応用　$\frac{121}{143}=\frac{11}{13}$　（11で約分）

25 仮分数と帯分数

4年生

分子が分母より小さい分数を真分数、分子が分母と同じか、大きい分数を仮分数、整数と真分数の和（わ）（たし算のこたえ）で表された分数を帯分数と言うよ。

▶ 問題

仮分数は帯分数に、帯分数は仮分数になおしましょう。

（1）$\frac{13}{4}$　　（2）$3\frac{5}{6}$　　（3）$\frac{35}{7}$

□に当てはまる数字をもとめましょう。

（4）$2\frac{5}{8}=1\frac{□}{8}$　　（5）$4\frac{7}{5}=5\frac{□}{5}$　　（6）$6\frac{8}{4}=$□

これが正解

仮分数の中に整数にくり上がる分数がいくつあるか、帯分数の整数部分を分数になおせるかがポイント！

（1）【仮分数→帯分数】

$\frac{13}{4}=3\frac{1}{4}$

→ 13（分子）÷ 4（分母）＝ 3 あまり 1

【帯分数→仮分数】

わり算の「たしかめ」と同じ

4（分母）× 3（整数）＋ 1（分子）＝ 13

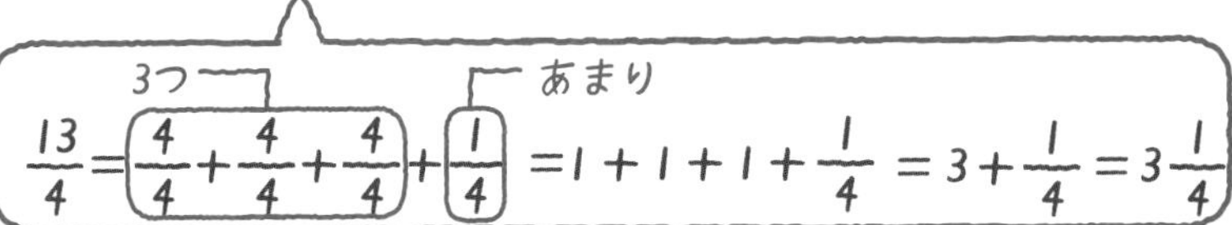

3つ
あまり
$\frac{13}{4}=\left(\frac{4}{4}+\frac{4}{4}+\frac{4}{4}\right)+\frac{1}{4}=1+1+1+\frac{1}{4}=3+\frac{1}{4}=3\frac{1}{4}$

(2)

$3\frac{5}{6}=\frac{23}{6}$ → $\frac{6}{6}+\frac{6}{6}+\frac{6}{6}+\frac{5}{6}=\frac{23}{6}$

3つ

→ $6\times3+5=23$

分母　整数　分子

(3)

$\frac{35}{7}=5$

→ $35\div7=5$

✕ ココでまちがえやすい

$\frac{35}{7}=\frac{5}{1}$ → 約分しただけで整数にしていない

(4)

$2\frac{5}{8}=1\frac{\boxed{13}}{8}$

こたえ　□＝13

→ $2\frac{5}{8}=1+1\frac{5}{8}$

$=\frac{8}{8}+1\frac{5}{8}$ …… $1=\frac{8}{8}$ だね！

$=1\frac{13}{8}$

(5)

$4\frac{7}{5}=5\frac{\boxed{2}}{5}$

こたえ　□＝2

→ $4\frac{7}{5}=4+\frac{7}{5}=4+\frac{5}{5}+\frac{2}{5}$

$=4+1+\frac{2}{5}=5\frac{2}{5}$

（6） $6\frac{8}{4}=\boxed{8}$　　こたえ　$\square=8$

$$6\frac{8}{4}=6+\frac{8}{4}$$

8÷4＝2
と考えてもいいね

$$=6+\frac{4}{4}+\frac{4}{4}$$
$$=6+1+1$$
$$=8$$

花まる式ポイント

整数と分数の基本的な関係を確認しておこう

- 分子と分母が同じときは「1」

$\frac{1}{1}$、$\frac{2}{2}$、$\frac{3}{3}$、$\frac{4}{4}$、$\frac{5}{5}$ ……すべて 1

- 分母が1のときはかならず整数になおせる
（すべての整数には分母の1がかくれている）

$\frac{1}{1}=1$　$\frac{2}{1}=2$　$\frac{3}{1}=3$　$\frac{4}{1}=4$　$\frac{5}{1}=5$

- 分子÷分母がわりきれるときは整数になおせる

$\frac{4}{2}=2$　$\frac{12}{3}=4$　$\frac{30}{5}=6$

（4÷2＝2）　（12÷3＝4）　（30÷5＝6）

26 分数のたし算・ひき算（分母が同じ）

4・5年生

分数のたし算・ひき算では、分母どうしが同じなら分子を（たす・ひく）だけでこたえがもとめられるよ。

▶問題

次の計算をしましょう。

（１）$\frac{2}{7}+\frac{4}{7}$　　（２）$\frac{11}{12}-\frac{5}{12}$

これが正解

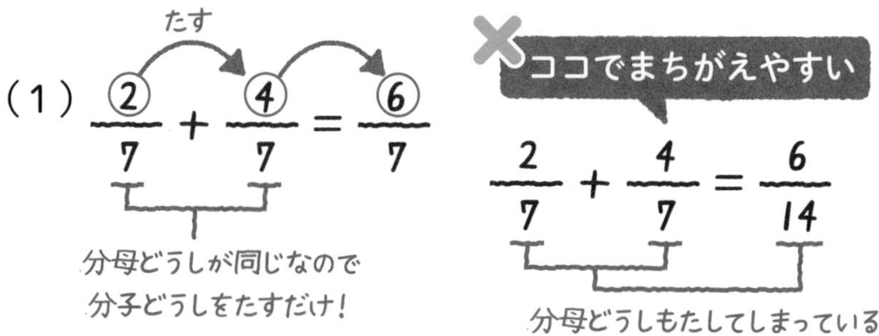
たす
（１）$\frac{2}{7}+\frac{4}{7}=\frac{6}{7}$
分母どうしが同じなので
分子どうしをたすだけ！
ココでまちがえやすい
$\frac{2}{7}+\frac{4}{7}=\frac{6}{14}$
分母どうしもたしてしまっている

ひく

（２）$\frac{11}{12}-\frac{5}{12}=\frac{6}{12}$

$=\frac{1}{2}$

約分できる

花まる式ポイント

分子はたしたり、ひいたりするが、分母はそのまま。その理由を考えよう！

（1）

$$\frac{2}{⑦}+\frac{4}{⑦}=\frac{6}{⑦}$$

（2）

$$\frac{11}{⑫}-\frac{5}{⑫}=\frac{6}{⑫}=\frac{1}{2}$$

分母は同じまま

ただし、計算のあとに約分できることもあるので注意！

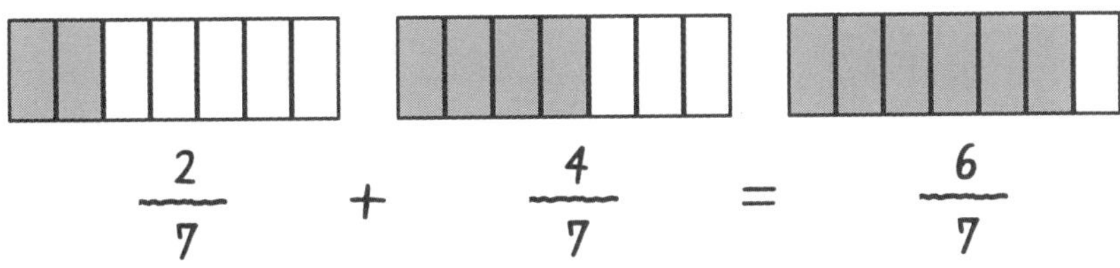

$$\frac{2}{7}+\frac{4}{7}=\frac{6}{7}$$

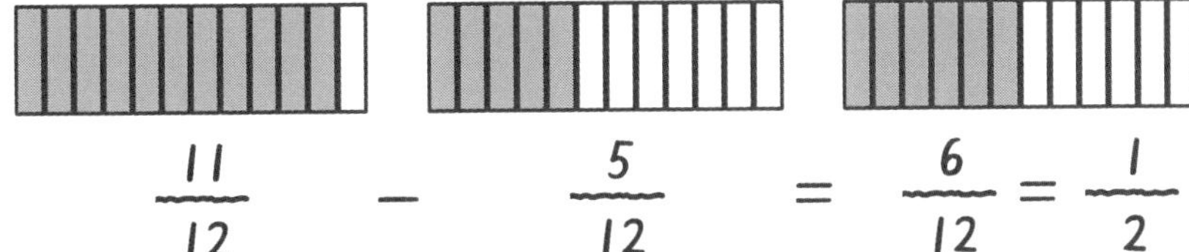

$$\frac{11}{12}-\frac{5}{12}=\frac{6}{12}=\frac{1}{2}$$

27 分数のたし算・ひき算（通分）

5年生

分母がちがう分数のたし算・ひき算は、通分（分母をそろえる）してから計算しよう。

問題

次の計算をしましょう。

（1）$\frac{1}{4}+\frac{2}{5}$　（2）$\frac{3}{5}+\frac{2}{15}$　（3）$\frac{3}{10}+\frac{11}{14}$

（4）$\frac{3}{8}-\frac{1}{6}$　（5）$\frac{7}{15}-\frac{5}{12}$

これが正解

P106のように、通分のやり方は3通りしかないよ。

（1）

$$\frac{1}{4}+\frac{2}{5}=\frac{1\times5}{4\times5}+\frac{2\times4}{5\times4}$$

$$=\frac{5}{20}+\frac{8}{20}=\frac{13}{20}$$

分母の数字どうしをかけてそろえる
※分子にも同じ数をかける

4と5は1以外の公約数をもたない
→P106（ア）参照

(2) $\frac{3}{5}+\frac{2}{15}=\frac{3\times3}{5\times3}+\frac{2}{15}$

15は5の倍数だから片方にそろえる
→P106(イ)参照

$=\frac{9}{15}+\frac{2}{15}$

5に3をかけて「15」にそろえ、分子にも分母と同じ3をかける

$=\frac{11}{15}$

(3) それぞれかける

$\frac{3}{10}+\frac{11}{14}=\frac{21}{70}+\frac{55}{70}$

2) 10 14
⑤ ⑦
分母=2×5×7

(ア)(イ)以外なので最小公倍数を分母にする
→P106(ウ)参照

$=\frac{76}{70}=1\frac{6}{70}=1\frac{3}{35}$

約分する

(4) それぞれかける

$\frac{3}{8}-\frac{1}{6}=\frac{3\times3}{24}-\frac{1\times4}{24}$

2) 8 6
④ ③
分母=2×4×3

(ア)(イ)以外なので最小公倍数を分母にする

$=\frac{9}{24}-\frac{4}{24}=\frac{5}{24}$

(5) それぞれかける

$\frac{7}{15}-\frac{5}{12}=\frac{7\times4}{60}-\frac{5\times5}{60}$

3) 15 12
⑤ ④
分母=3×5×4

(ア)(イ)以外なので最小公倍数を分母にする

$=\frac{28}{60}-\frac{25}{60}=\frac{3}{60}$

約分する

$=\frac{1}{20}$

花まる式ポイント

通分のやり方は3通り

どのやり方で通分するか考えてから計算しよう

$\frac{B}{A}$ と $\frac{D}{C}$ を通分したいとき……

（ア）分母どうしが1以外の公約数をもたないとき

→A × C

（イ）一方の分母がもう一方の分母の倍数のとき

→AかCにそろえる

（ウ）（ア）（イ）以外のとき

→AとCの最小公倍数にそろえる

通分するときは、分母にかける数と同じ数を分子にもかける

例

$$\frac{2}{3}+\frac{1}{4}=\frac{2\times 4}{3\times 4}+\frac{1\times 3}{4\times 3}$$

$$=\frac{8}{12}+\frac{3}{12}$$

$$=\frac{11}{12}$$

分母に4をかけるなら分子にも4を、
分母に3をかけるなら分子にも3をかける

28 分数のたし算・ひき算（帯分数）

5年生

帯分数の場合は、仮分数になおさず、整数部分と分数部分に分けてそれぞれ計算（たす、ひく）したほうがよい。

▶問題

次の計算をしましょう。

（１）$3\frac{5}{12}+2\frac{1}{8}$　　（２）$1\frac{7}{12}+3\frac{13}{20}$

（３）$4\frac{3}{4}-2\frac{7}{10}$　　（４）$4\frac{2}{21}-1\frac{13}{14}$

これが正解

①通分 ②計算（たす、ひく）③約分の順番で計算しよう！

（１）

$$3\frac{5}{12}+2\frac{1}{8}=3\frac{5\times2}{12\times2}+2\frac{1\times3}{8\times3}$$ ①通分する

$$=3\frac{10}{24}+2\frac{3}{24}$$ ②整数どうし、分数どうしをそれぞれたす

$$=5\frac{13}{24}$$ ←③約分できないかチェック！

（2）

$$1\frac{7}{12}+3\frac{13}{20}=1\frac{7\times5}{12\times5}+3\frac{13\times3}{20\times3}$$ ①通分する

②たす

$$=1\frac{35}{60}+3\frac{39}{60}$$

②たす

$$=4\frac{74}{60}$$ ← $\frac{60}{60}=1$ なのでくり上がる

$$=5\frac{\cancel{14}^{7}}{\cancel{60}_{30}}$$ ③約分する

$$=5\frac{7}{30}$$

（3）

$$4\frac{3}{4}-2\frac{7}{10}=4\frac{3\times5}{4\times5}-2\frac{7\times2}{10\times2}$$ ①通分する

②ひく

$$=4\frac{15}{20}-2\frac{14}{20}$$

②ひく

$$=2\frac{1}{20}$$ ← ③約分できないかチェック！

（4） $4\frac{2}{21}-1\frac{13}{14}=4\frac{2\times2}{21\times2}-1\frac{13\times3}{14\times3}$ ①通分する

$=4\frac{4}{42}-1\frac{39}{42}$ ②4−39ができない！

$4\frac{4}{42}=3+\frac{42}{42}+\frac{4}{42}$

$=3\frac{46}{42}$

②ひき算できるようにくり下げる

$=3\frac{46}{42}-1\frac{39}{42}$

$=2\frac{7}{42}$ ③約分する

$=2\frac{1}{6}$

花まる式ポイント

帯分数どうしのたし算、ひき算は……

①帯分数のまま通分する

②整数部分、分数部分を計算（たす・ひく）する

③約分できないかチェックする

この手順でおこなおう！

たとえば、すべて仮分数になおして計算しようとすると……

（1） $3\frac{5}{12}+2\frac{1}{8}=\frac{41}{12}+\frac{17}{8}$

$=\frac{41\times2}{12\times2}+\frac{17\times3}{8\times3}$

……計算がたいへんになる！

29 分数の３つ以上のたし算・ひき算

5年生

3つ以上の分数を一気に計算するときは、まとめて最初に通分することで計算が楽になる。

▶ 問題

次の計算をしましょう。

（1）$1\frac{1}{3}-\frac{5}{6}+\frac{2}{5}$　　（2）$3\frac{1}{5}-1\frac{7}{10}+2\frac{11}{14}$

これが正解

最初に一気に通分してから計算しよう！

（1）

$$1\frac{1}{3}-\frac{5}{6}+\frac{2}{5}$$

3、6、5の最小公倍数で一気に通分する

$$=1\frac{10}{30}-\frac{25}{30}+\frac{12}{30}$$

10－25ができないのでくり下がり

$$=\frac{40}{30}-\frac{25}{30}+\frac{12}{30}$$

$$=\frac{40-25+12}{30}$$

$$=\frac{27}{30}=\frac{9}{10}$$

約分する

（2）$3\frac{1}{5}-1\frac{7}{10}+2\frac{11}{14}$

5、10、14の最小公倍数で一気に通分する

$=3\frac{14}{70}-1\frac{49}{70}+2\frac{55}{70}$

※ $3\frac{14}{70}+2\frac{55}{70}$ を先に計算しても OK！

14−49ができないのでくり下がり

$=2\frac{84}{70}-1\frac{49}{70}+2\frac{55}{70}$

整数部分、分数部分に分けて計算する

$=3\frac{90}{70}=4\frac{20}{70}=4\frac{2}{7}$

$\frac{90}{70}=1\frac{20}{70}$ なのでくり上がり

約分する

花まる式ポイント

「一気に通分」することをマスターしよう

（1）$1\frac{1}{3}-\frac{5}{6}+\frac{2}{5}$ を通分するときは……

3つの分母の最小公倍数をもとめる

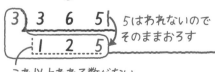

$$\begin{array}{r|rrr} & 3 & 6 & 5 \end{array}$$

▼

3と6はそれぞれ3でわれる

$$\begin{array}{r|rrr} 3 & 3 & 6 & 5 \\ \hline & 1 & 2 & \end{array}$$

ココがわったこたえ

▼

$$\begin{array}{r|rrr} 3 & 3 & 6 & 5 \\ \hline & 1 & 2 & 5 \end{array}$$

5はわれないのでそのままおろす

これ以上われる数がない

ココの数をすべてかける

$3\times1\times2\times5=30$

これが通分したときの分母になる

30 分数のかけ算（整数×分数、分数×整数）

6年生

整数と分数のかけ算では、なれないうちは整数を分数になおしてから計算しよう！

▶ 問題

次の計算をしましょう。

（１）$3 \times \frac{2}{11}$　　（２）$\frac{4}{17} \times 4$

これが正解

整数は分数になおしてから計算しよう！

分数になおす

（１）$3 \times \frac{2}{11} = \frac{3}{1} \times \frac{2}{11}$

$= \frac{3 \times 2}{1 \times 11}$　分母どうし、分子どうしをかける　約分できないかチェック！

$= \frac{6}{11}$

ココでまちがえやすい

$3 \times \frac{2}{11} = \frac{2}{3 \times 11} = \frac{2}{33}$

分母にかけてしまう

（2）

分数になおす

$$\frac{4}{17}\times 4=\frac{4}{17}\times\frac{4}{1}$$

$$=\frac{4\times 4}{17\times 1}$$

分母どうし、分子どうしをかける
約分できないかチェック！

$$=\frac{16}{17}$$

花まる式ポイント

①整数は分数になおす

$$\square=\frac{\square}{1}$$

整数　　整数の分母は1

例

$1=\frac{1}{1}$、$2=\frac{2}{1}$、$3=\frac{3}{1}$、$4=\frac{4}{1}$　……

②分母×分母、分子×分子で計算する

$$\frac{\square}{\bigcirc}\times\frac{\blacksquare}{\triangle}=\frac{\square\times\blacksquare}{\bigcirc\times\triangle}$$

↑

約分のチェックもかならずしよう！

例

$$\frac{3}{2}\times\frac{5}{4}=\frac{3\times 5}{2\times 4}$$

31 分数のかけ算（真分数×真分数）

6年生

分数のかけ算は分母×分母、分子×分子で計算するが、かけ算の前に約分をしておくと、よりかんたんになる。

▶ 問題

次の計算をしましょう。　(1) $\frac{1}{4} \times \frac{2}{5}$　(2) $\frac{3}{8} \times \frac{4}{9}$

これが正解

約分できないか？まずたしかめよう！

(1)

約分しておく

$$\frac{1}{\cancel{4}_2} \times \frac{\cancel{2}^1}{5} = \frac{1}{2} \times \frac{1}{5} = \frac{1 \times 1}{2 \times 5} = \frac{1}{10}$$

(2)

約分しておく

$$\frac{\cancel{3}^1}{\cancel{8}_2} \times \frac{\cancel{4}^1}{\cancel{9}_3} = \frac{1}{2} \times \frac{1}{3} = \frac{1 \times 1}{2 \times 3} = \frac{1}{6}$$

※約分は1組だけとはかぎらない！

ココでまちがえやすい

$$\frac{3}{8} \times \frac{4}{9} = \frac{\cancel{12}\ \cancel{6}\ 3}{\cancel{72}\ \cancel{36}\ 18} = \frac{3}{18}$$

かけ算したあとで約分したのでまだ約分できることに気づかずにこたえてしまった！

花まる式ポイント

かけ算をする前に約分できるものはしておこう！

（1）

$$\frac{1}{\cancel{4}_{2}} \times \frac{\cancel{2}^{1}}{5} = \frac{1}{2} \times \frac{1}{5}$$

先に約分しないと……

$$\frac{1 \times 2}{4 \times 5} = \frac{2}{20} = \frac{1}{10}$$

最後に約分すると
見おとす可能性がある

約分は「タテ」と「ナナメ」だけ！「ヨコ」はNG！

例

$$\frac{\cancel{2}^{1}}{\cancel{4}_{2}} \times \frac{3}{5} = \frac{1}{2} \times \frac{3}{5}$$

○タテの約分

$$\frac{1}{\cancel{4}_{2}} \times \frac{\cancel{2}^{1}}{5} = \frac{1}{2} \times \frac{1}{5}$$

○ナナメの約分

たし算・ひき算では
ナナメの約分はNGだよ！

$$\frac{1}{{}_{1}\cancel{3}} \times \frac{2}{\cancel{9}_{3}} = \frac{1}{1} \times \frac{2}{3}$$

×ヨコの約分

ヨコの約分はできない！

32 分数のかけ算（帯分数×帯分数）

6年生

帯分数のかけ算は、かならず仮分数になおしてから計算しよう。こたえが仮分数のときは帯分数になおすのもわすれずに！

▶ 問題

次の計算をしましょう。

（1）$3\frac{3}{4} \times 1\frac{2}{5}$　　（2）$1\frac{5}{9} \times 1\frac{7}{8} \times 2\frac{4}{7}$

これが正解

（1）

①仮分数になおす

$$3\frac{3}{4} \times 1\frac{2}{5} = \frac{\overset{3}{\cancel{15}}}{4} \times \frac{7}{\underset{1}{\cancel{5}}}$$

②約分する

$$= \frac{3}{4} \times \frac{7}{1}$$

$$= \frac{3 \times 7}{4 \times 1}$$

$$= \frac{21}{4} = 5\frac{1}{4}$$

④帯分数にもどす

帯分数×帯分数
正しい手順

①帯分数を仮分数になおす
↓
②約分する
↓
③計算する
↓
④仮分数は帯分数になおす

ココでまちがえやすい

$$3\frac{3}{4}\times 1\frac{2}{5}=3\times 1+\frac{3\times \cancel{2}^{1}}{{}_{2}\cancel{4}\times 5}=3\frac{3}{10}$$

たし算やひき算ではないので、整数どうし、分数どうしで
計算しても正しいこたえにはならない

（2）

$$1\frac{5}{9}\times 1\frac{7}{8}\times 2\frac{4}{7}$$

$$=\frac{\overset{2}{\cancel{14}}}{\underset{1}{\cancel{9}}}\times\frac{15}{8}\times\frac{\overset{2}{\cancel{18}}}{\underset{1}{\cancel{7}}}$$

①仮分数になおす

②約分する
※ここでは分けて書いたが、
できれば一気に約分しよう！

$$=\frac{\overset{1}{\cancel{2}}}{1}\times\frac{15}{\underset{2}{\cancel{8}}}\times\frac{\overset{1}{\cancel{2}}}{1}$$

$$=\frac{1}{1}\times\frac{15}{2}\times\frac{1}{1}$$

$$=\frac{15}{2}$$

④帯分数にもどす

$$=7\frac{1}{2}$$

33 逆数

6年生

「逆数」とは、積(せき)（かけ算のこたえ）が1になる数のこと。整数や小数は、分数になおしてから逆数にすると考えやすい。

▶問題

次の数の逆数をもとめましょう。

（1）8　（2）0.4　（3）$2\frac{2}{3}$

これが正解

整数、小数は分数になおす！

（1）

$8 \rightarrow \frac{8}{1} \rightarrow \frac{1}{8}$

（分数になおす）（分母と分子を入れかえる）

こたえ　$\frac{1}{8}$

（0.125でもOK！）

（2）

$0.4 \rightarrow \frac{4}{10} \rightarrow \frac{2}{5} \rightarrow \frac{5}{2} \rightarrow 2\frac{1}{2}$

（分数になおす）（約分する）（分母と分子を入れかえる）（帯分数になおす）

こたえ　$2\frac{1}{2}$

（2.5でもOK！）

（3）　$2\frac{2}{3} \rightarrow \frac{8}{3} \rightarrow \frac{3}{8}$

帯分数は仮分数になおす　分母と分子を入れかえる

こたえ　$\frac{3}{8}$

ココでまちがえやすい

$2\frac{2}{3} \rightarrow 2\frac{3}{2}$

仮分数になおさずに分母と分子を
入れかえても逆数にはならない！

花まる式ポイント

逆数は「たしかめ」ができる

例　（1）

$$8 \times \frac{1}{8} = \frac{\cancel{8}^{1}}{1} \times \frac{1}{\cancel{8}_{1}} = 1$$

（2）

$$0.4 \times 2\frac{1}{2} = \frac{\cancel{4}^{\cancel{2}^{1}}}{\cancel{10}_{\cancel{2}_{1}}} \times \frac{\cancel{5}^{1}}{\cancel{2}_{1}} = 1$$

もとの数とこたえの数をかけてみて、
1になれば逆数だとわかる

34 分数のわり算（整数÷分数、分数÷整数）

6年生

分数のわり算では、わる数を逆数にしてかけ算する。なれるまでは、整数があるときは仮分数になおしてから計算しよう。

▶ 問題

次の計算をしましょう。

（１）$3 \div \frac{5}{6}$　　（２）$\frac{3}{8} \div 4$

これが正解

正しい手順をおぼえてていねいに問題をとこう！

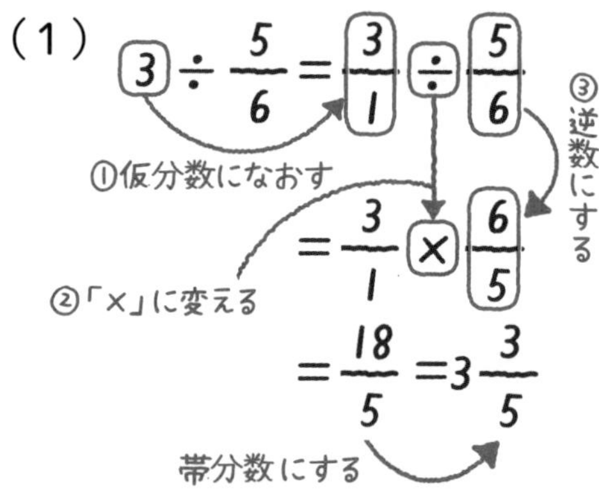

（１）
$3 \div \frac{5}{6} = \frac{3}{1} \div \frac{5}{6}$
①仮分数になおす
③逆数にする
$= \frac{3}{1} \times \frac{6}{5}$
②「×」に変える
$= \frac{18}{5} = 3\frac{3}{5}$
帯分数にする

整数÷分数、分数÷整数 正しい手順

①整数は仮分数になおす
↓
②「÷」を「×」に変える
↓
③わる数を逆数にする
↓
④約分できるならする
↓
⑤かけ算をする

ココでまちがえやすい

$3 \div \frac{5}{6} = \frac{3}{1} \times \frac{5}{6}$

逆数にしていない

$3 \div \frac{5}{6} = \frac{1}{3} \times \frac{6}{5}$

両方とも逆数にしている

(2)

①仮分数になおす

②「×」に変える

③逆数にする

$$\frac{3}{8} \div 4 = \frac{3}{8} \div \frac{4}{1}$$

$$= \frac{3}{8} \times \frac{1}{4}$$

$$= \frac{3}{32}$$

ココでまちがえやすい

$$\frac{3}{8} \div 4 = \frac{3}{8} \times \frac{4}{1}$$

手順をとばしてしまい、
逆数にしたつもりで
計算を進めてしまう

①②③の手順を同時にやろうとすると
ミスをしやすいよ！

35 分数のわり算（帯分数÷帯分数）

6年生

帯分数どうしのわり算は、かけ算と同じようにかならず仮分数になおしてから計算しよう。手順は「分数のわり算」（P120）と同じだ。

▶問題

次の計算をしましょう。

（1）$2\frac{1}{4} \div 2\frac{1}{7}$　　（2）$2\frac{2}{3} \div 6 \div 1\frac{5}{9}$

これが正解

正しい手順をおぼえてていねいに問題をとこう！

（1）①仮分数になおす

$$2\frac{1}{4} \div 2\frac{1}{7} = \frac{9}{4} \div \frac{15}{7}$$

②「×」に変える

③わる数を逆数にする

$$= \frac{\overset{3}{\cancel{9}}}{4} \times \frac{7}{\underset{5}{\cancel{15}}}$$

④約分できるならする

⑤かけ算をする

$$= \frac{3 \times 7}{4 \times 5}$$

$$= \frac{21}{20} = 1\frac{1}{20}$$

帯分数にもどす

帯分数÷帯分数
正しい手順

①帯分数、整数は仮分数になおす

②「÷」を「×」に変える

③わる数を逆数にする

④約分できるならする

⑤かけ算をする

（2）

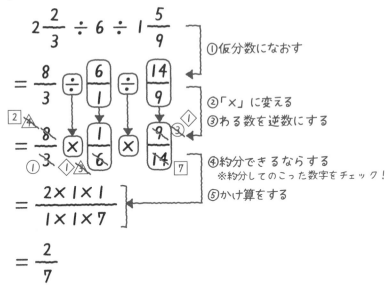

$$2\frac{2}{3} \div 6 \div 1\frac{5}{9}$$

①仮分数になおす

$$= \frac{8}{3} \div \frac{6}{1} \div \frac{14}{9}$$

②「×」に変える
③わる数を逆数にする

$$= \frac{\overset{2\ 4}{\cancel{8}}}{\underset{1}{\cancel{3}}} \times \frac{1}{\underset{1\ 3}{\cancel{6}}} \times \frac{\overset{1\ 3}{\cancel{9}}}{\underset{7}{\cancel{14}}}$$

④約分できるならする
※約分してのこった数字をチェック！
⑤かけ算をする

$$= \frac{2 \times 1 \times 1}{1 \times 1 \times 7}$$

$$= \frac{2}{7}$$

花まる式ポイント

わる数→「逆数にする数」を正しくつかむ

「わる数」とは、「÷」のすぐうしろに入る数のこと
だから、1つの式の中で逆数にする数が1つとはかぎらない

△÷〇
△÷〇÷□

これが「わる数」！
つまり逆数にする数
（数字の前に「÷」がある）

36 分数の四則混合計算

6年生

四則（+、−、×、÷）混合の計算では、計算の順番をたしかめてからときはじめよう。

問題

次の計算をしましょう。

（1）$1\frac{1}{9} \times 2\frac{2}{5} \div 2$　（2）$\frac{4}{5} + \frac{2}{5} \div 1\frac{4}{5} \times 3\frac{3}{4}$

これが正解

まず計算の順番をきめてから、分数の計算の手順どおりに進めよう。

（1）

$$1\frac{1}{9} \times 2\frac{2}{5} \div 2$$

「×」「÷」だけなので左から計算！
帯分数、整数は仮分数になおす

$$= \frac{10}{9} \times \frac{12}{5} \div \frac{2}{1}$$

「÷」を「×」に変える
わる数を逆数にする

$$= \frac{10}{9} \times \frac{12}{5} \times \frac{1}{2}$$

約分して計算する

$$= \frac{2 \times 2 \times 1}{3 \times 1 \times 1}$$

$$= \frac{4}{3} = 1\frac{1}{3}$$

帯分数になおす

四則混合計算のきまり

㋐（ ）の中を先に計算する
㋑「+、−」よりも「×、÷」を先に計算する
㋒ふつうは左から計算する

（2）

「×」「÷」なのでここから先に計算する

$$\frac{4}{5}+\frac{2}{5}\div 1\frac{4}{5}\times 3\frac{3}{4}$$

帯分数、整数は仮分数になおす

$$=\frac{4}{5}+\frac{2}{5}\div\frac{9}{5}\times\frac{15}{4}$$

「÷」を「×」に変える
わる数を逆数にする

$$=\frac{4}{5}+\frac{\overset{1}{\cancel{2}}}{\underset{1}{\cancel{5}}}\times\frac{\overset{1}{\cancel{5}}}{\underset{3}{\cancel{9}}}\times\frac{\overset{5}{\cancel{15}}}{\underset{2}{\cancel{4}}}$$

約分できるならする

$$=\frac{4}{5}+\frac{1\times1\times5}{1\times3\times2}$$

なれてきたらココは省略してもよい

$$=\frac{4}{5}+\frac{5}{6}$$

通分する

$$=\frac{4\times6}{5\times6}+\frac{5\times5}{6\times5}$$

$$=\frac{24}{30}+\frac{25}{30}$$

$$=\frac{49}{30}$$

$$=1\frac{19}{30}$$

たし算・ひき算をしたあとは、これ以上約分できないかもわすれずにチェックしよう！

37 分数を利用した整数の計算

6年生

整数の計算では、分数になおしたほうが計算がかんたんなことがある。分数を上手に活用しよう。

▶ 問題

次の計算をしましょう。

（1）24 ÷ 36 × 15 ÷ 35　　　（2） 12 ÷ 15 − 18 ÷ 24

これが正解

整数のわり算は、こたえが小数になることがあるので最初から分数で計算したほうが計算ミスはへるよ！

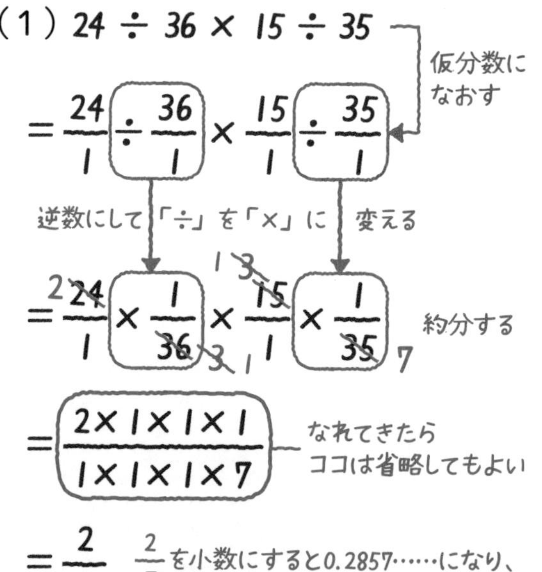

（1）24 ÷ 36 × 15 ÷ 35
仮分数になおす
逆数にして「÷」を「×」に変える
約分する
なれてきたらココは省略してもよい
2/7 を小数にすると0.2857……になり、分数をつかわないと計算できなかった

$$= \frac{24}{1} \div \frac{36}{1} \times \frac{15}{1} \div \frac{35}{1}$$

$$= \frac{24}{1} \times \frac{1}{36} \times \frac{15}{1} \times \frac{1}{35}$$

$$= \frac{2 \times 1 \times 1 \times 1}{1 \times 1 \times 1 \times 7}$$

$$= \frac{2}{7}$$

$A \div B \times C \div D$

$= \frac{A}{B} \times \frac{C}{D}$

$= \frac{A \times C}{B \times D}$

÷○←分母に

×○←分子に

このように分数に変えることができるのでやってみよう！

(2)

「×」「÷」が先だったね!

$$12 \div 15 - 18 \div 24$$

わり算を分数になおす
タテに約分する

$$= \frac{\cancel{12}^{4}}{\cancel{15}_{5}} - \frac{\cancel{18}^{3}}{\cancel{24}_{4}}$$

$$= \frac{4}{5} - \frac{3}{4}$$

通分する

$$= \frac{16}{20} - \frac{15}{20}$$

$$= \frac{1}{20}$$

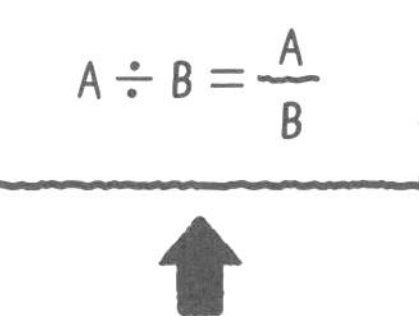

わり算は分数に変えられるので、それも利用しよう!

38 小数の分数変換

6年生

小数を分数に変換して計算できるようになると、計算が楽になり、ミスもへるよ。

▶ 問題

小数を分数になおして計算をしましょう。

（1）$0.3+\frac{1}{4}$　（2）$\frac{2}{3}-0.5$　（3）0.32×2.5　（4）$3.5\div 0.75$

これが正解

小数や分数の計算では、分数→小数、もしくは小数→分数になおして、どちらかにそろえて計算しよう。

（1）

分数になおす

$$0.3+\frac{1}{4}=\frac{3}{10}+\frac{1}{4}$$

通分する

$$=\frac{6}{20}+\frac{5}{20}$$

$$=\frac{11}{20}\ (0.55)$$

$\frac{1}{4}=0.25$だとすぐにわかるなら……

$0.3+0.25=0.55$

のように小数で計算したほうが楽！

（2）

$$\frac{2}{3} - 0.5 = \frac{2}{3} - \frac{5}{10}$$

分数になおす（0.5 → $\frac{5}{10}$、5と10を約分して $\frac{1}{2}$）

約分して通分する

$$= \frac{4}{6} - \frac{3}{6}$$

$$= \frac{1}{6}$$

$\frac{2}{3}$を小数にしようとすると
0.6666……となり、
わりきれないので計算できない

（3） 0.32×2.5

分数になおす

$$= \frac{32}{100} \times \frac{25}{10}$$

（32→16→4、100→4→1、25→1、10→5）

約分して計算する

$$= \frac{4}{5} \ (0.8)$$

（4） $3.5 \div 0.75$

わる数が小数のときは分数で計算しよう

分数になおす
約分する

$$= \frac{35}{10} \div \frac{75}{100}$$

（35→7、10→2、75→3、100→4）

「÷」を「×」に変える
わる数を逆数にする
もう一度約分する

$$= \frac{7}{2} \times \frac{4}{3}$$

（2→1、4→2）

$$= \frac{14}{3}$$

帯分数にする

$$= 4\frac{2}{3}$$

※ $\frac{35}{10} \times \frac{100}{75}$ の形で
約分してもよい

花まる式ポイント

迷ったときは小数→分数に！

小数は分数になおすことができるが、分数は小数になおせないことがある。
どちらか迷ったときは「分数になおす」ほうが確実！

例

$\frac{1}{3}=0.3333\cdots$　$\frac{1}{6}=0.16666\cdots$

$\frac{1}{7}=0.1428\cdots$　$\frac{1}{9}=0.1111\cdots$

分母が3、6、7、9のときは小数になおせないことが多い！

よく出る小数・分数の変換

$0.2=\frac{1}{5}$	$0.25=\frac{1}{4}$	$0.125=\frac{1}{8}$
$0.4=\frac{2}{5}$	$0.75=\frac{3}{4}$	$0.375=\frac{3}{8}$
$0.5=\frac{1}{2}$		$0.625=\frac{5}{8}$
$0.6=\frac{3}{5}$		$0.875=\frac{7}{8}$
$0.8=\frac{4}{5}$		

この変換はおぼえておこう！

39 小数と分数の混合計算

6年生

小数と分数が混ざった式では、基本的に小数を分数になおして計算するほうが確実だよ。

▶ 問題

次の計算をしましょう。

（1）$\frac{1}{3} + 0.25 - \frac{1}{8}$　　　（2）$0.375 \times \frac{4}{5} \div 1.8$

これが正解

よく出る小数を分数になおして計算しよう。

（1）

$\frac{1}{3}$＝0.3333……なので小数にはなおせない

$$\frac{1}{3} + 0.25 - \frac{1}{8}$$

分数になおす

$$= \frac{1}{3} + \frac{1}{4} - \frac{1}{8}$$

通分する

$$= \frac{8}{24} + \frac{6}{24} - \frac{3}{24}$$

$$= \frac{11}{24}$$

← 約分できないかチェック！

（2）

$$\boxed{0.375} \times \frac{4}{5} \div \boxed{1.8}$$

分数になおす

$1.8 = 1\frac{8}{10} = 1\frac{4}{5} = \frac{9}{5}$ まではノートの余白をつかって計算しておこう！

$$= \boxed{\frac{3}{8}} \times \frac{4}{5} \div \boxed{\frac{9}{5}}$$

「÷」を「×」に変える
逆数にする
約分する

$$= \frac{\cancel{3}^{1}}{\cancel{8}_{2}} \times \frac{\cancel{4}^{1}}{\cancel{5}_{1}} \times \frac{\cancel{5}^{1}}{\cancel{9}_{3}}$$

$$= \frac{1}{6}$$

花まる式ポイント

なぜ分数になおすのかをしっかり理解しよう

- 約分することで式がかんたんになる
- 小数の計算はミスをしやすい
- 小数のわり算はわりきれないことがある

基本は分数にそろえるほうが確実だよ！

第5章

計算のきまり

40 計算のきまり（計算の順序）

4年生

計算式は、「どこから先に計算するか」の順番がきまっている。この計算のきまりが、すべての計算の基本になるよ。

▶問題

次の計算をしましょう。

（1）28－8×2＋4　　　（2）4＋16÷(14－5×2)×2

これが正解

いろいろな問題をやって計算の順番をおぼえよう！

計算のきまり

㋐（　）があればその中を先に計算する

㋑「＋、－」よりも「×、÷」を先に計算する

㋒ふつうは左から計算する

（1）　$28-8\times2+4$

㋑ →「×」なので「＋」「－」より先に計算する

$=28-16+4$

㋒ → 左から計算する

$=16$

（2）　$4+16\div(14-5\times2)\times2$

㋐（　）を先に計算する
㋑「×」「÷」を先に計算する

$=4+16\div(14-10)\times2$

㋐（　）を先に計算する

$=4+16\div4\times2$

㋑「×」「÷」を先に計算する
㋒ 左から計算する

$=4+8$

$=12$

花まる式ポイント

(　)や四則計算が混じった長い式のときは、
次のようなトーナメント戦（勝ち抜き戦）の図を
逆さにしたようなやり方でといていくと、
混乱せずミスもへるよ！

例

（2）　$4+16\div(14-5\times2)\times2$

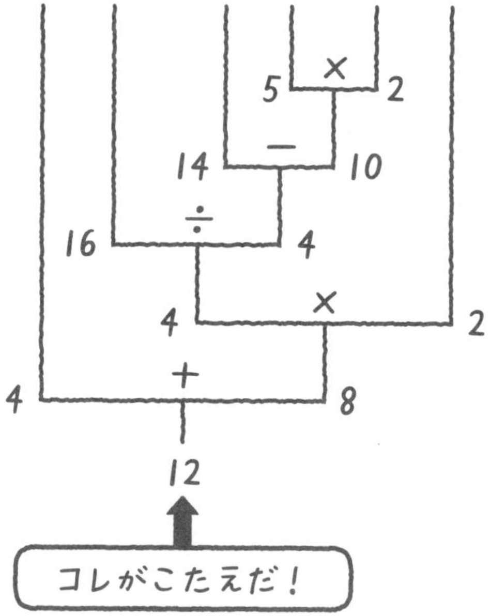

5 × 2
14 − 10
16 ÷ 4
4 × 2
4 ＋ 8
12

コレがこたえだ！

41 計算のきまり（法則）

4、5年生

計算には、「順番を入れかえたり、式をまとめたり分けたりしてもよい」という法則がいくつかある。うまくつかうと計算が楽になる！

▶問題

次の計算をしましょう。

（1）79＋65＋21　　（2）7.2×2.5×4

（3）3.4×6.4×3.6×3.4　　（4）98×25

これが正解

計算の「法則」をおぼえて、工夫してとくようにしよう。

㋐ 交換法則（こうかん）　□＋○＝○＋□

□×○＝○×□

「＋、×」の場合は、順番を入れかえてもこたえが同じになる

㋑ 結合法則（けつごう）　（□＋○）＋△＝□＋（○＋△）

（□×○）×△＝□×（○×△）

「＋、×」の場合は、うしろから先に計算してもこたえが同じになる

㋒ 分配法則（ぶんぱい）　（□＋○）×△＝□×△＋○×△

（□－○）×△＝□×△－○×△

（□＋○）÷△＝□÷△＋○÷△

（□－○）÷△＝□÷△－○÷△

（　）をはずして、別々に計算してもこたえは同じになる

(1)　$79+65+21$

$=79+21+65$

$=100+65$

$=165$

㋐交換法則をつかう
79+21=100なので
計算が楽になる

(2)　$7.2\times 2.5\times 4$

$=7.2\times(2.5\times 4)$

$=7.2\times 10$

$=72$

㋑結合法則をつかう
2.5×4は10なので
計算が楽になる

(3)　$3.4\times 6.4\times 3.6\times 3.4$

$=6.4\times 3.4\times 3.6\times 3.4$

$=(6.4+3.6)\times 3.4$

$=10\times 3.4$

$=34$

㋐交換法則をつかう

㋒分配法則をつかう
「×3.4」が2つある
ことに気づけば、
分配法則がつかえる

（4） 98×25

$= (100-2) \times 25$

$= 100 \times 25 - 2 \times 25$

$= 2500 - 50$

$= 2450$

㋒分配法則をつかう
98を（100−2）と考えて
分けて計算したほうが
楽になる

42 □をもとめる計算

3年生

□に入る数をもとめるときは、「逆算」をつかって計算する。式の関係を図をつかって理解しておこう。

問題

次の式の□に入る数をもとめましょう。

（1）□＋15＝33　　（2）23－□＝7

（3）12×□＝60　　（4）40÷□＝5

花まる式ポイント

□をもとめるときにつかう逆算

㋐ □＋A＝B→□＝B－A

㋑ A＋□＝B→□＝B－A

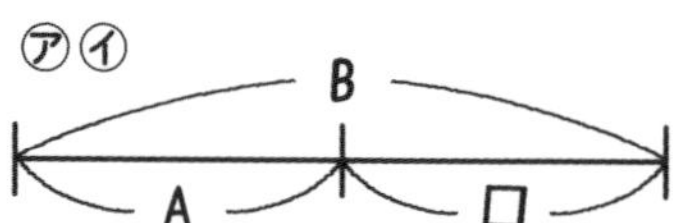

㋒ □－A＝B→□＝A＋B

㋒
□
A
B

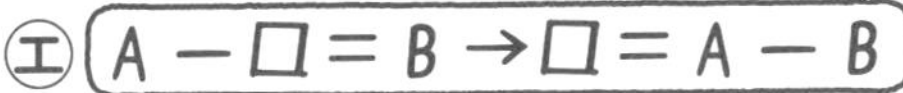

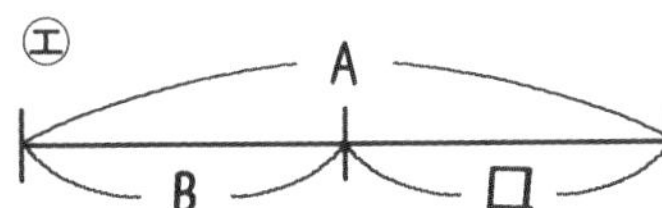

㋔ □×A＝B→□＝B÷A

㋕ A×□＝B→□＝B÷A

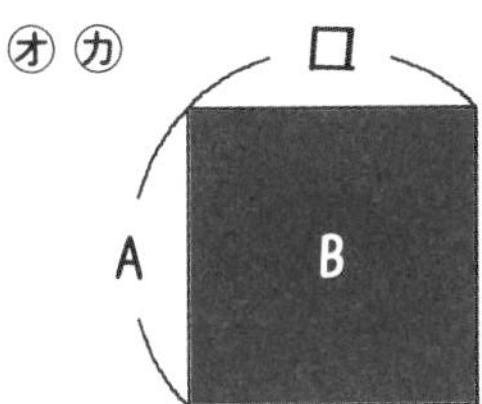

㋖ □÷A＝B→□＝A×B

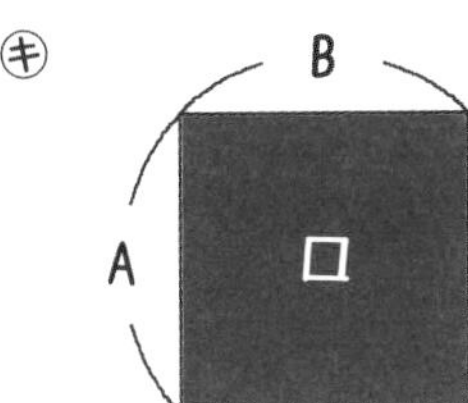

㋗ A÷□＝B→□＝A÷B

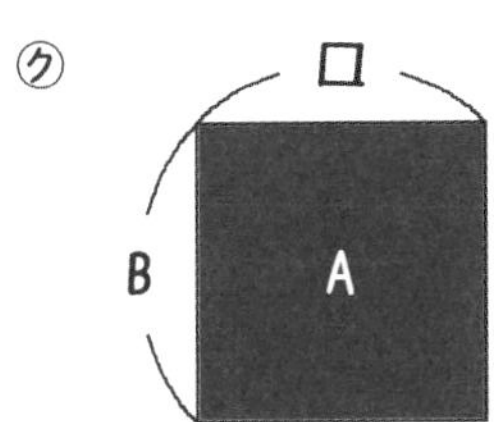

逆算は基本的に
たし算→ひき算
ひき算→たし算
かけ算→わり算
わり算→かけ算
でもとめられるが、
㋓、㋗の2つだけ
ちがうので注意しよう！

これが正解

□をもとめる問題では、もとめたこたえをもとの式にあてはめて「たしかめ」ができる！

（1）□＋15＝33

□＝33−15　㋐をつかう

□＝18

（2）23−□＝7

□＝23−7　㋓をつかう

□＝16

ココでまちがえやすい

23−□＝7

□＝23＋7

□＝30

「−」の逆算は「＋」ときめつけてしまっている

もとの式にあてはめると、まちがっているということがわかるね！

（3）12×□＝60

□＝60÷12　㋕をつかう

□＝5

（4）40÷□＝5

□＝40÷5　㋗をつかう

□＝8

ココでまちがえやすい

40÷□＝5

□＝40×5

□＝200

「÷」の逆算は「×」ときめつけてしまっている

もとの式にあてはめると、まちがっているということがわかるね！

第 6 章

応用編

43 かっこのはずし方

応用

式の中のかっこをはずすときは、いくつかルールがあるよ。中学でならう内容だけどトライしてみよう！

▶ 問題

1　次の式の（　）をはずして計算しましょう。

（1）32＋(18＋15)　　（2）18＋(12－7)

（3）45－(15＋19)　　（4）29－(19－12)

2　次の式の（　）をはずして計算しましょう。

（1）5×(2×7)　　（2）8×(6÷3)

（3）36÷(3×4)　　（4）24÷(8÷2)

これが正解

かっこをはずすときのルールで気をつけたいのはかっこの前に「－」「÷」があるパターン。

1（1）　32＋(18＋15)
＝32＋18＋15　← ㋐をつかう
＝50＋15　（　）をはずすだけでOK
＝65

（　）をはずすときのルール（たし算・ひき算）

㋐ A＋(B＋C)＝A＋B＋C
㋑ A＋(B－C)＝A＋B－C
㋒ A－(B＋C)＝A－B－C
㋓ A－(B－C)＝A－B＋C

ミスしやすいポイント！（　）の前が「－」のときは（　）の中の「＋」は「－」に、「－」は「＋」になる。なぜそうなるのか考えながら、実際に計算してたしかめてみよう

（2）　$18+(12-7)$

$=18+12-7$

$=30-7$

$=23$

㋑をつかう
（　）をはずすだけでOK

（3）　$45-(15+19)$

−になる

$=45-15-19$

$=30-19$

$=11$

㋒をつかう
（　）の前が「−」だから
（　）の中の「＋」が
「−」に変わる

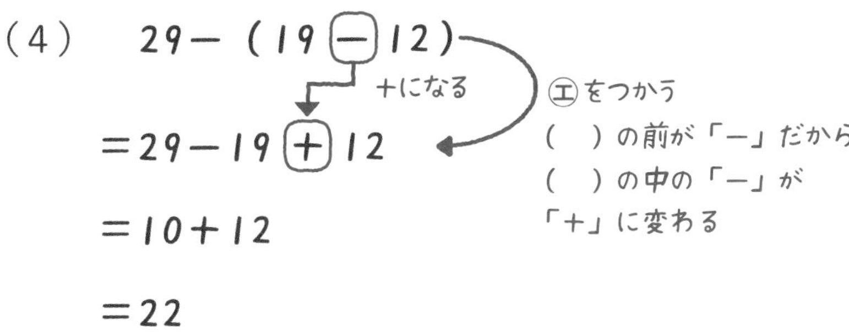
（4）　29−（19−12）
＋になる
＝29−19＋12
＝10＋12
＝22
㋓をつかう
（　）の前が「−」だから
（　）の中の「−」が
「＋」に変わる

2（1）　$5\times(2\times7)$

$=5\times2\times7$

$=10\times7$

$=70$

㋔をつかう
（　）をはずすだけでOK

（　）をはずすときのルール
（かけ算．わり算）

㋔ $A\times(B\times C)=A\times B\times C$
㋕ $A\times(B\div C)=A\times B\div C$
㋖ $A\div(B\times C)=A\div B\div C$
㋗ $A\div(B\div C)=A\div B\times C$

ミスしやすいポイント！
（　）の前が「÷」のときは
（　）の中の「×」は「÷」に、
「÷」は「×」になる
なぜそうなるのか考えながら、
実際に計算してたしかめてみよう

（2）　$8\times(6\div3)$

$=8\times6\div3$

$=48\div3$

$=16$

㋕をつかう
（　）をはずすだけでOK

（3）　$36\div(3\times4)$

÷になる

$=36\div3\div4$

$=12\div4$

$=3$

㋖をつかう
（　）の前が「÷」だから
（　）の中の「×」が
「÷」に変わる

（4）　$24\div(8\div2)$

×になる

$=24\div8\times2$

$=3\times2$

$=6$

㋗をつかう
（　）の前が「÷」だから
（　）の中の「÷」が
「×」に変わる

44 四則混合計算（応用）

応用

すぐに計算をはじめるのではなく、まずは全体の式を見て、どういう順番で計算するかイメージしてみよう。

▶問題

次の計算をしましょう。

（１）$25-3\times4+\{4+3\times(5-3)\}\div2$

（２）$3\frac{1}{3}\div2-1\frac{1}{10}-0.375\div2\frac{1}{2}+\frac{7}{12}$

これが正解

かっこの中でも計算の順番に気をつけよう！

（１）　$25-\underline{3\times4}+\{4+3\times\underline{(5-3)}\}\div2$

かけ算が先　（　）が先

$=25-12+(4+\underline{3\times2})\div2$

かけ算が先

$=25-12+\underline{10\div2}$

わり算が先

$=25-12+5$

左から計算する

$=13+5$

$=18$

かっこの計算の順番

①～③の順に計算する

①（　）

②｛　｝

③［　］

（2）

$$\boxed{3\frac{1}{3}} \div \boxed{2} - 1\frac{1}{10} - \boxed{0.375} \div \boxed{2\frac{1}{2}} + \frac{7}{12}$$

仮分数に　仮分数に　分数に　仮分数に

$$= \boxed{\frac{10}{3}} \div \boxed{\frac{2}{1}} - 1\frac{1}{10} - \boxed{\frac{3}{8}} \div \boxed{\frac{5}{2}} + \frac{7}{12}$$

わり算が先　わり算が先

$$= \frac{\overset{5}{\cancel{10}}}{3} \times \frac{1}{\underset{1}{\cancel{2}}} - 1\frac{1}{10} - \frac{3}{\underset{4}{\cancel{8}}} \times \frac{\overset{1}{\cancel{2}}}{5} + \frac{7}{12}$$

約分できるならする

$$= \frac{5}{3} - 1\frac{1}{10} - \frac{3}{20} + \frac{7}{12}$$

たし算どうし、ひき算どうしをまとめて計算する
※ここで一気に通分して計算してもよい

$$= \frac{5}{3} + \frac{7}{12} \boxed{-1\frac{1}{10} - \frac{3}{20}}$$

（　）をつける
※ P144㋒を応用

$$= \frac{20}{12} + \frac{7}{12} \boxed{-\left(1\frac{2}{20} + \frac{3}{20}\right)}$$

$$= \frac{\overset{9}{\cancel{27}}}{\underset{4}{\cancel{12}}} - 1\frac{\overset{1}{\cancel{5}}}{\underset{4}{\cancel{20}}}$$

$$= 2\frac{1}{4} - 1\frac{1}{4}$$

$$= 1$$

これまでに学んだルールをつかおう！

①分数のかけ算．わり算では
　帯分数・整数を仮分数になおす
②小数は分数になおす
③約分できるならする

45 計算の工夫（分配法則）

応用

むずかしそうな式ほど、工夫してかんたんに計算できるヒントがかくされているよ！

▶問題

次の計算をしましょう。

（1）$38\times34+37\times33-36\times34-35\times33$

（2）$3.21\times3.7+32.1\times0.23+1.79\times6$

（3）$12\times\left(3\times2-3\frac{5}{6}+1.75\right)$

これが正解

分配法則をつかえばかんたんにとける！

（1）　$38\times\underline{34}+37\times\underline{33}-36\times\underline{34}-35\times\underline{33}$

$=38\times\underline{34}-36\times\underline{34}+37\times\underline{33}-35\times\underline{33}$

↓分配法則をつかう（P129参照）

$=(38-36)\times34+(37-35)\times33$

$=\underline{2}\times34+\underline{2}\times33$

↓分配法則をつかう

$=2\times(34+33)$

$=2\times67$

$=134$

〰〰、＝＝＝、――の
数がそれぞれ同じなので
分配法則がつかえる！
↑
工夫して計算するとミスもへる！

3.21と32.1の数字の並びが同じなので、
「×10」「÷10」してそろえることができる

（2）　$3.21 \times 3.7 + 32.1 \times 0.23 + 1.79 \times 6$

32.1 → ÷10　　0.23 → ×10

$= 3.21 \times 3.7 + 3.21 \times 2.3 + 1.79 \times 6$

$= 3.21 \times (3.7 + 2.3) + 1.79 \times 6$

3.21が2つあるので
分配法則がつかえる

$= 3.21 \times 6 + 1.79 \times 6$

6が2つあるので
分配法則がつかえる

$= (3.21 + 1.79) \times 6$

$= 5 \times 6$

むずかしそうな式がこんなにかんたんになる！

$= 30$

（3）　$12 \times \left(3 \times 2 - 3\frac{5}{6} + 1.75\right)$

3×2 → かけ算が先　　$3\frac{5}{6}$ → 仮分数に　　1.75 → 分数に

$= 12 \times \left(6 - \frac{23}{6} + \frac{7}{4}\right)$

分配法則をつかえば約分できる！

※（　）の中で通分
して計算してもよい

$= 12 \times 6 - \overset{2}{\cancel{12}} \times \frac{23}{\cancel{6}_{1}} + \overset{3}{\cancel{12}} \times \frac{7}{\cancel{4}_{1}}$

$= 72 - 46 + 21$

$= 47$

 花まる式ポイント

まずは式全体を見て、
なにか工夫できないか考えよう！

例

(1) $38 \times 34 + 37 \times 33 - 36 \times 34 - 35 \times 33$

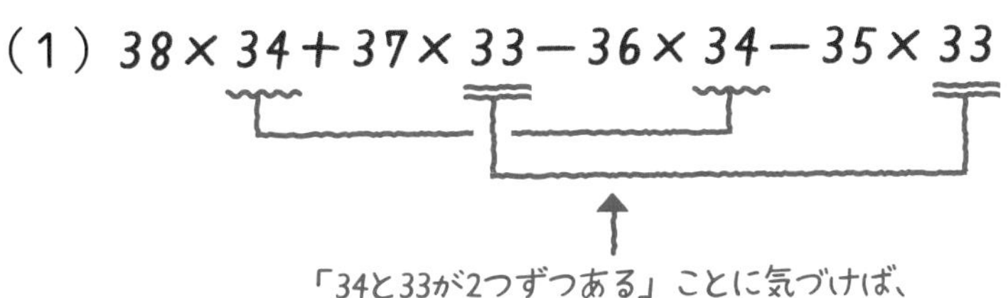

「34と33が2つずつある」ことに気づけば、
分配法則がつかえる！

例

(2) $3.21 \times 3.7 + 32.1 \times 0.23 + 1.79 \times 6$

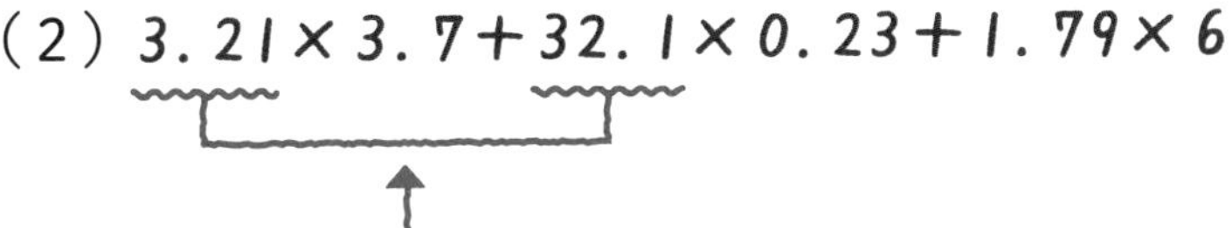

3.21と32.1の数字の並びが同じだと気づけば、
「×10」「÷10」して数字をそろえて
分配法則がつかえる！

最初はむずかしそうな式でも、
工夫をすることで
式がかんたんになることがある。
式がかんたんになれば、時間はかからないし
ミスもへって、いいことだらけ！

46 計算の工夫（かたまりでとく）

応用

長い式が出てきたとき、いくつかのかたまりで考えると計算が楽になることがあるよ！

▶ 問題

次の計算をしましょう。

（1）81－72＋63－54＋45－36＋27－18＋9

（2）426－399＋174－111

これが正解

式の中に計算がかんたんになる「かたまり」を見つけよう。

（1）　(81－72)＋(63－54)＋(45－36)＋(27－18)＋(9)

すべてこたえが9になる

＝ 9＋9＋9＋9＋9

9が5つなので9×5にできる

＝ 9×5

＝ 45

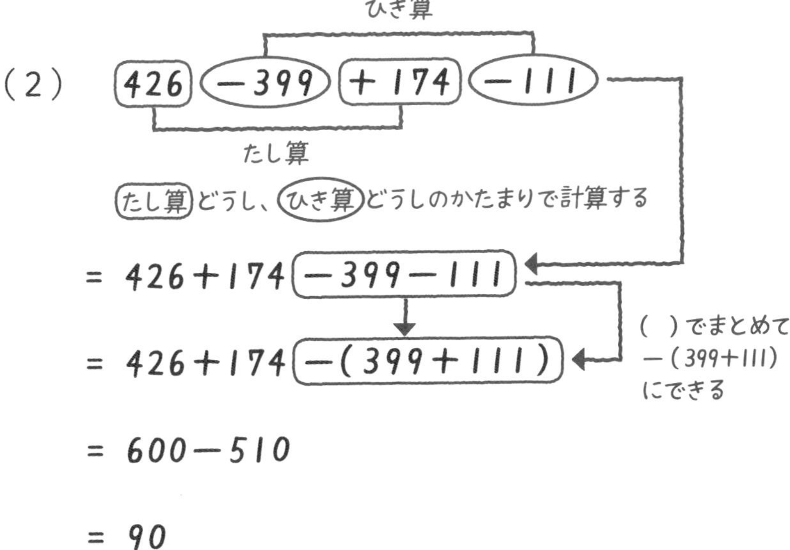

ひき算
(2) 426 −399 +174 −111
たし算
たし算どうし、ひき算どうしのかたまりで計算する
= 426+174−399−111
= 426+174−(399+111)
( )でまとめて
−(399+111)
にできる
= 600−510
= 90

花まる式ポイント

式全体を見て、どこかを「かたまり」にして計算できないか考えてみよう！

例

(1) 81−72+63−54+45−36+27−18+9

9　72　18　63　27　54　36　45

左から順に計算するとめんどうだけれど……

(81−72)+(63−54)+(45−36)+(27−18)+(9)

それぞれこたえが9になる「かたまり」があると気づけば一気にかんたんになる！

47 計算の工夫（アイデアでとく）

応用

ちょっとしたアイデアひとつで、むずかしい式が一気にかんたんになることもある。「あやしい数」が並んでいたら要注意！

▶ 問題

次の計算をしましょう。

（１）99999＋9999＋999＋99＋9

（２）(81＋83＋85＋87＋89)－(80＋82＋84＋86＋88)

これが正解

いかにも不自然な数字が並んでいる。「なにかある」と考えよう。

（１）　99999＋9999＋999＋99＋9

99999＝100000－1
9999＝10000－1　　だと考えると……

＝100000＋10000＋1000＋100＋10－1－1－1－1－1

このセットが99999

＝111110－5

＝111105

（2）　$(81+83+85+87+89)$
$-(80+82+84+86+88)$

タテに計算すると81−80＝1、83−82＝1……と
5つの組がすべて1になる

（P144参照）

−（A＋B）
（　）をはずすと
−A−Bになる

$=1+1+1+1+1$

$=5$

花まる式ポイント

アイデアひとつでかんたんになる式がある！
あやしい式にはウラがある。ちょっとした発想で一気にかんたんな式に変身するぞ！

（1）の場合

$99999=100000-1$

これに気づくだけで、式を一気にかんたんにできる！

48 計算の工夫（公式の利用）

応用

ちょっと背伸びして、中学でならう公式（計算のルール）にも挑戦してみよう。

▶問題

(A＋B)×(A－B)＝A×A－B×B という公式をつかって次の計算をしましょう。

（1）(100＋1)×(100－1)　　（2）2015×2015－2016×2014

これが正解

(100＋1)×(100－1)＝101×99だとひっ算しなくてはならないけれど公式をつかうとかんたん！

（1）　(100＋1)×(100－1)

＝100×100－1×1

＝10000－1

＝9999

（2）　2015×2015－2016×2014

＝2015×2015－(2015＋1)×(2015－1)

＝2015×2015－(2015×2015－1×1)

＝2015×2015－2015×2015＋1

＝1

公式をつかえる形になおす！

－(－1)の(　)をはずすと＋1になる

花まる式ポイント

公式の意味を理解しよう！

(A＋B)×(A－B)＝A×A－B×B

↓

(1) (100＋1)×(100－1)から考えてみる

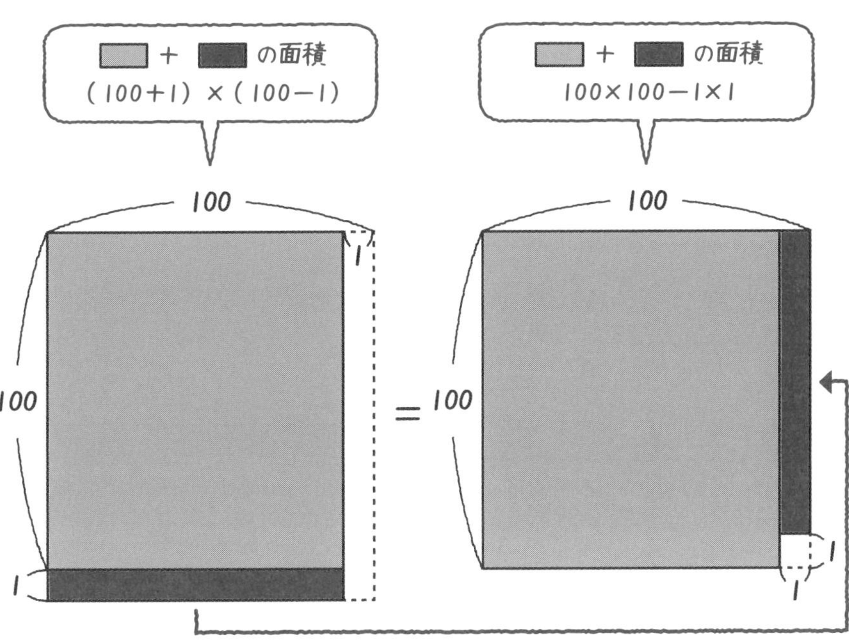

なぜその公式が成り立つのかを理解しておくことは算数や数学の世界ではとても大切なことだよ！

49 計算の工夫（２けた×２けたの暗算）

応用

2けた×2けたの暗算のやり方はいろいろあるけれど、好きなやり方でたのしく練習するのがいちばんだよ。

▶ 問題

次の計算をしましょう。

（１）15×26

（２）23×16

これが正解

数を分解して暗算しやすい形になおしてみよう。

（１）

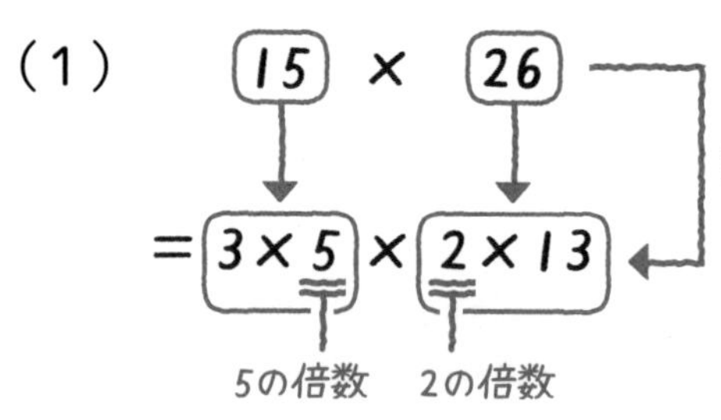

数を分解してみよう！

2の倍数×5の倍数
=10の倍数

$= 3 \times 10 \times 13$

かけ算は入れかえてもこたえが同じ

$= 3 \times 13 \times 10$

$= 390$

2の倍数と5の倍数をみつけると暗算しやすくなる！

※2倍半分もつかえるね

（P60参照）

（2）　（1）のやり方ができない

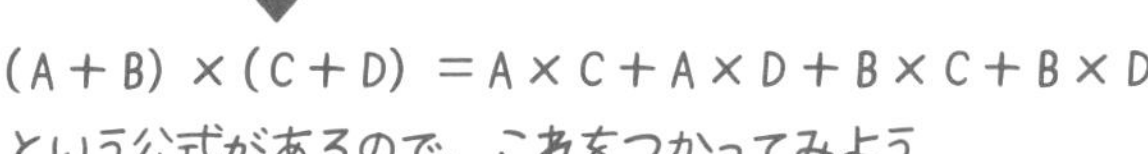

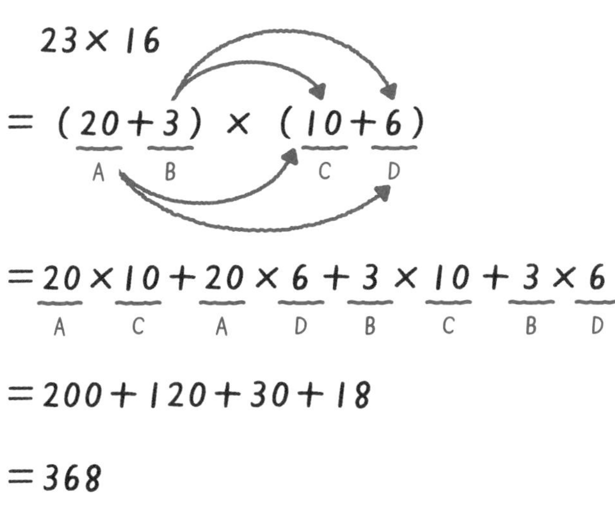

上の公式をもう少しつかいやすくした、こんな公式もつかえるよ！

$AB \times CD = 100 \times (A \times C) + 10 \times (A \times D + B \times C) + B \times D$

$$23 \times 16$$

（A＝2、B＝3、C＝1、D＝6）

$$= 100 \times (2 \times 1) + 10 \times (2 \times 6 + 3 \times 1) + 3 \times 6$$

$$= 200 + 150 + 18$$

$$= 368$$

公式をおぼえるまではノートで練習して、
だんだんと頭の中で計算できるようにしていこう！

50 計算の工夫（分数の分解）

応用

中学入試ではよく出題される「あやしい分数」の問題。やり方さえわかればとてもかんたんにとけるよ。

▶ 問題

次の計算をしましょう。

（1）$\frac{1}{2}\times\frac{1}{3}+\frac{1}{3}\times\frac{1}{4}+\frac{1}{4}\times\frac{1}{5}+\frac{1}{5}\times\frac{1}{6}+\frac{1}{6}\times\frac{1}{7}$

（2）$\frac{2}{15}+\frac{2}{35}+\frac{2}{63}+\frac{2}{99}+\frac{2}{143}$

これが正解

この公式を知っていると、一瞬（しゅん）でこたえが出るよ！

この公式をつかおう！

$B-A=1$ のとき　$\frac{1}{A\times B}=\frac{1}{A}-\frac{1}{B}$

（1）

$$\frac{1}{2}\times\frac{1}{3}+\frac{1}{3}\times\frac{1}{4}+\frac{1}{4}\times\frac{1}{5}+\frac{1}{5}\times\frac{1}{6}+\frac{1}{6}\times\frac{1}{7}$$

$\frac{1}{2}\times\frac{1}{3}=\frac{1}{2\times3}=\frac{1}{2}-\frac{1}{3}$ になるよ

$$=\left(\frac{1}{2}-\frac{1}{3}\right)+\left(\frac{1}{3}-\frac{1}{4}\right)+\left(\frac{1}{4}-\frac{1}{5}\right)+\left(\frac{1}{5}-\frac{1}{6}\right)+\left(\frac{1}{6}-\frac{1}{7}\right)$$

$-\frac{1}{3}+\frac{1}{3}$ は0になる（$\frac{1}{4}$、$\frac{1}{5}$、$\frac{1}{6}$ も同じ）

$$=\frac{1}{2}-\frac{1}{7}=\frac{7}{14}-\frac{2}{14}=\frac{5}{14}$$

（2） この公式をつかおう！

B－A＝2のとき $\frac{2}{A \times B} = \frac{1}{A} - \frac{1}{B}$

すべて $\frac{2}{A \times B}$ の形にして公式がつかえるように工夫する

$$\frac{2}{15} + \frac{2}{35} + \frac{2}{63} + \frac{2}{99} + \frac{2}{143}$$

$$= \frac{2}{3 \times 5} + \frac{2}{5 \times 7} + \frac{2}{7 \times 9} + \frac{2}{9 \times 11} + \frac{2}{11 \times 13}$$

$$= \left(\frac{1}{3} - \frac{1}{5}\right) + \left(\frac{1}{5} - \frac{1}{7}\right) + \left(\frac{1}{7} - \frac{1}{9}\right) + \left(\frac{1}{9} - \frac{1}{11}\right) + \left(\frac{1}{11} - \frac{1}{13}\right)$$

$-\frac{1}{5} + \frac{1}{5}$ は0になる（$\frac{1}{7}$、$\frac{1}{9}$、$\frac{1}{11}$ も同じ）

$$= \frac{1}{3} - \frac{1}{13}$$

$$= \frac{13}{39} - \frac{3}{39}$$

$$= \frac{10}{39}$$

公式の意味を理解しよう！

B－A＝1のとき $\frac{1}{A \times B} = \frac{B - A}{A \times B} = \frac{B}{A \times B} - \frac{A}{A \times B} = \frac{1}{A} - \frac{1}{B}$

51 計算の工夫（等差数列）

応用

等差数列（となりあう数の差が一定の数列）の和をもとめるときは、公式よりも考え方が大切です。

▶問題

次の計算をしましょう。

（１）7＋8＋9＋10＋11＋12＋13

（２）1＋3＋5＋7＋9＋11

これが正解

考え方ひとつでむずかしい計算が楽にできるよ！

（１）　7＋8＋9＋10＋11＋12＋13

＝（ 7 ＋ 8 ＋ 9 ＋ 10 ＋ 11 ＋ 12 ＋ 13
＋ 13 ＋ 12 ＋ 11 ＋ 10 ＋ 9 ＋ 8 ＋ 7 ）÷ 2

最初の数〜最後の数（7 〜 13）を逆にして並べたものをたすと、合計が20になる組が7つできる

2回たしているので2でわる

＝20×7÷2

こんな公式ができる！
等差数列の和＝（最初の数＋最後の数）×数字の個数÷2

＝70　この式の場合は（7＋13）×7÷2＝70

（2）　$1+3+5+7+9+11$

$=(1+11)\times 6\div 2$

左ページの公式をつかって計算する

$=12\times 6\div 2$

$=36$

次のやり方でももとめることができるよ！

　1からはじまる連続する奇数の和

＝（奇数の）個数×個数

1＋3＋5＋7＋9＋11の場合、

奇数は6つなので　$6\times 6=36$

理由は

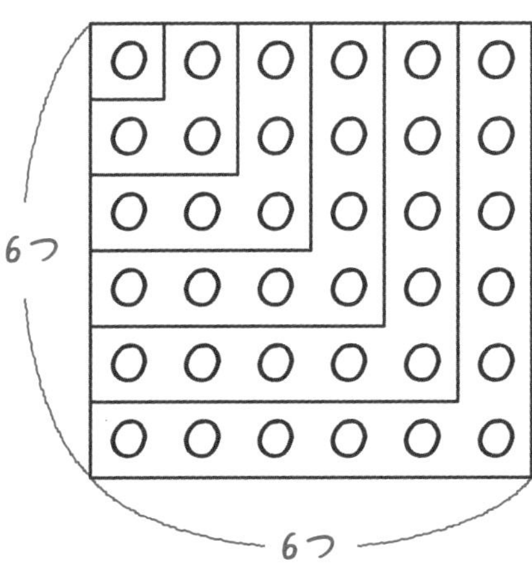
6つ
6つ
」に並ぶ○の数の和
＝1＋3＋5＋7＋9＋11
＝36
○を正方形に並べると
○の数＝6×6
でもとめられる！

52 応用 □をもとめる計算（かたまりで考える）

「計算の順序」（P134参照）に気をつけながら、□がある式をかたまりでといていこう。

▶ 問題

次の式の□に入る数をもとめましょう。

（１）4＋7×□＝25　　（２）21－□×4＝13

（３）□÷3＋8＝15

これが正解

□ととなりあう式を「計算の順序」にしたがって大きな□で囲んでみよう。

1つのかたまりとして大きな□にする

（１）4＋[7×□]＝25 ……………… A＋□＝B としてとく

[7×□]＝25－4

[7×□]＝21

□＝21÷7

□＝3

（2） $21-\boxed{\square\times 4}=13$ ……………… A－□＝B としてとく

$\boxed{\square\times 4}=21-13$

$\boxed{\square\times 4}=8$

$\square=8\div 4$

$\square=2$

（3） $\boxed{\square\div 3}+8=15$ ……………… □＋A＝B としてとく

$\boxed{\square\div 3}=15-8$

$\boxed{\square\div 3}=7$

$\square=3\times 7$

$\square=21$

復習しよう！ （P140・141参照）

㋐ □＋A＝B → □＝B－A
㋑ A＋□＝B → □＝B－A
㋒ □－A＝B → □＝A＋B
㋓ A－□＝B → □＝A－B
㋔ □×A＝B → □＝B÷A
㋕ A×□＝B → □＝B÷A
㋖ □÷A＝B → □＝A×B
㋗ A÷□＝B → □＝A÷B

53 応用 □をもとめる計算（整数）

□をもとめる式の応用問題。逆算をつかう基本的な考え方は同じだよ！

▶ 問題

次の式の□に入る数をもとめましょう。

（１）(□×6－10)÷4＝8　　（２）47－{27÷(□－9)×4}＝11

これが正解

ここでも１つのかたまりとして「大きな□」にして計算を進めよう。

（１）ココを大きな□として考える

(□×6－10)÷4＝8 ……………… □÷A＝B

□×6－10＝8×4 ……………… □－A＝B

□×6＝8×4＋10 ……………… □×A＝B

□＝(8×4＋10)÷6

（　）をわすれない！

□＝7（たしかめをしよう）

（2） $47-\{27\div(□-9)\times4\}=11$ ……A－□＝B（ミスしやすい形）

$27\div(□-9)\times4=47-11$ ……□×A＝B

ココを大きな□として考える

$27\div(□-9)=(47-11)\div4$ ……A÷□＝B（ミスしやすい形）

$□-9=27\div\{(47-11)\div4\}$ ……□－A＝B

（ ）｛ ｝をわすれない！

$□=27\div\{(47-11)\div4\}+9$

$□=12$（たしかめをしよう）

花まる式ポイント

いきなり□をもとめるのではなく、式の中に大きな□があると考えよう！

例

（1） $(□\times6-10)\div4=8$ → □÷4=8 と考える

ココではなく、まずはココを1つのかたまりとして大きな□にする

$□\times6-10=8\times4$ → □=8×4 と考える

これをくりかえして最終的にこたえとなる□の数をもとめよう

54 □をもとめる計算（小数．分数）

応用

小数や分数の入った□をもとめる問題は、むずかしそうに見えるけどここでも基本の手順はやっぱり同じだよ。

▶ 問題

次の式の□に入る数をもとめましょう。

（１）$\frac{4}{15} \div 0.4 + \frac{3}{8} \times \square = \frac{7}{8}$　　（２）$0.2 \times \left(\frac{7}{18} \div \frac{14}{15} + \square\right) = 1\frac{1}{12}$

これが正解

基本の手順どおりにとけばこたえは出るよ！

（１）$\frac{4}{15} \div 0.4 + \frac{3}{8} \times \square = \frac{7}{8}$

$\frac{2}{3} + \boxed{\frac{3}{8} \times \square} = \frac{7}{8}$　ココを大きな□として考える　……A＋□＝B

$\frac{3}{8} \times \square = \frac{7}{8} - \frac{2}{3}$　……A×□＝B

$\square = \left(\frac{7}{8} - \frac{2}{3}\right) \div \frac{3}{8}$

（ ）をわすれない！

$\square = \left(\frac{21}{24} - \frac{16}{24}\right) \times \frac{8}{3}$

$\square = \frac{5}{24_{3}} \times \frac{8^{1}}{3}$　$\square = \frac{5}{9}$

先に計算できるところはやっておこう！

$\frac{4}{15} \div 0.4$

$= \frac{4}{15} \div \frac{2}{5}$

$= \frac{4}{15} \times \frac{5}{2}$

$= \frac{2}{3}$

分数になおす

$$(2)\ 0.2 \times \left(\frac{7}{18} \div \frac{14}{15} + □\right) = 1\frac{1}{12}$$

ココを大きな□として考える

$$\frac{1}{5} \times \left(\frac{5}{12} + □\right) = 1\frac{1}{12}$$ ……………… A × □ = B

$$\frac{5}{12} + □ = \frac{13}{12} \div \frac{1}{5}$$ ……………… A ＋ □ = B

$$□ = \frac{13}{12} \div \frac{1}{5} - \frac{5}{12}$$

$$□ = \frac{13}{12} \times \frac{5}{1} - \frac{5}{12}$$

$$□ = \frac{60}{12}$$

$$□ = 5$$

約分チェック！

先に計算できるところはやっておこう！

$$\frac{7}{18} \div \frac{14}{15}$$

$$= \frac{\cancel{7}^{1}}{\cancel{18}_{6}} \times \frac{\cancel{15}^{5}}{\cancel{14}_{2}}$$

$$= \frac{5}{12}$$

花まる式ポイント

先に計算できるところはやっておこう！

計算の順番をたしかめながら、式を左からながめていき、□以外のところで先に計算できるところはすませておこう。

例　（1）

$$\frac{4}{15} \div 0.4 + \frac{3}{8} \times □ = \frac{7}{8}$$

かけ算．わり算は先に計算できる

$$\frac{2}{3} + \frac{3}{8} \times □ = \frac{7}{8}$$

55 逆数の利用

応用

逆数の考え方を利用した□の入った問題。コツをつかめばスイスイできるよ！

▶ 問題

次の式の□に入る数をもとめましょう。

（1）$\dfrac{1}{1+\dfrac{1}{1+\square}}=\dfrac{4}{5}$　　（2）$1-1\div(1+1\div\square)=\dfrac{3}{4}$

これが正解

片方を逆数にするともう片方も逆数になるよ。

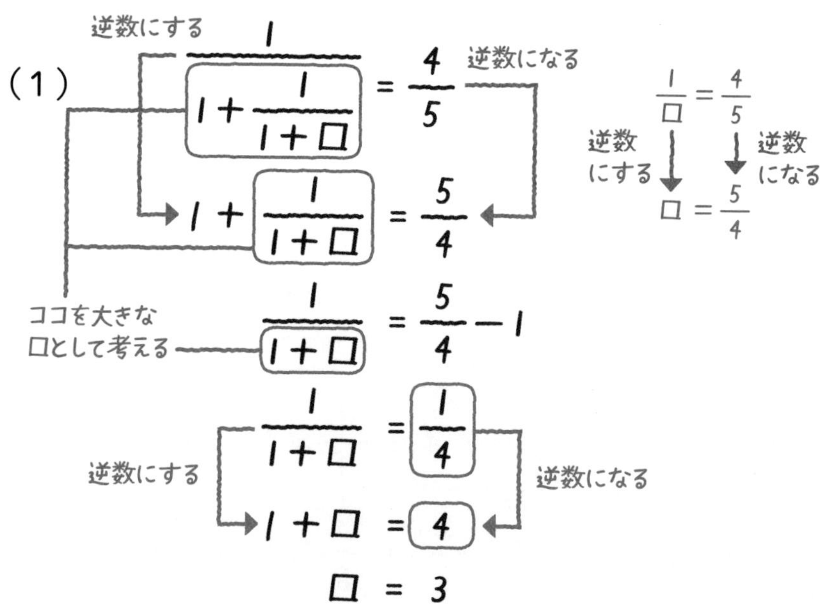

$$\frac{1}{1+\frac{1}{1+\square}}=\frac{4}{5}$$

$$1+\frac{1}{1+\square}=\frac{5}{4}$$

$$\frac{1}{1+\square}=\frac{5}{4}-1$$

$$\frac{1}{1+\square}=\frac{1}{4}$$

$$1+\square=4$$

$$\square=3$$

$$\frac{1}{\square}=\frac{4}{5} \rightarrow \square=\frac{5}{4}$$

（2） $1-\boxed{1\div(1+1\div\square)}=\frac{3}{4}$

$1\div\boxed{(1+1\div\square)}=1-\frac{3}{4}$

$1+\boxed{1\div\square}=1\div\frac{1}{4}$

ココを大きな□として考える

$1\div\square=4-1$

$1\div\square=3$

$\square=1\div3$

$\square=\frac{1}{3}$

花まる式ポイント

$\frac{1}{\square}=\frac{B}{A}$ のとき $\square=\frac{A}{B}$ となる

理由は $\frac{1}{\square}=\frac{B}{A}$

$1\div\square=\frac{B}{A}$

$\square=1\div\frac{B}{A}$ $\square=1\times\frac{A}{B}$ $\square=\frac{A}{B}$

56 応用 同じ数が入る式

□に同じ数が入る式は、中学入試ではかならずつかう計算だよ。「＝」（等号）の右と左の式はつりあっているということがポイント。

▶ 問題

次の式の□に入る数をもとめましょう。

ただし、□には同じ数が入ります。

（１）□×3－6＝□×2＋1　　（２）3×(□＋9)＝4×(12－□)

これが正解

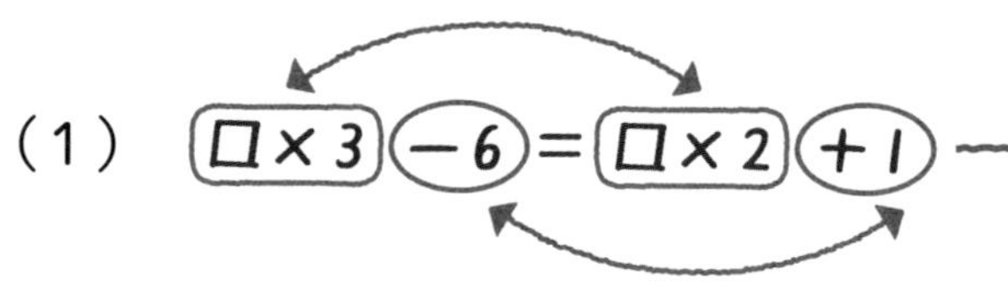

「＝」（等号）をはさんだ右と左の式が同じになる（てんびんの左右がつりあっているイメージ）

→ □部分と○部分の差（ひき算のこたえ）が同じ

□×3－□×2＝1－(－6)

□×1＝7

□＝7

（たしかめ）

左の式　7×3－6＝15
右の式　7×2＋1＝15　OK!

□×3と□×2の差は

□×3－□×2
＝□×(3－2)
＝□×1

□が同じ数なので分配法則

－6と＋1の差は、

1－(－6)＝1＋6＝7

（2） $3\times(\square+9)=4\times(12-\square)$

分配法則

$3\times\square+3\times9=4\times12-4\times\square$

□部分、
○部分の差は同じ

$3\times\square+4\times\square=48-27$

分配法則

$(3+4)\times\square=21$

$7\times\square=21$

$\square=3$

（たしかめ）
左の式　$3\times(3+9)=36$
右の式　$4\times(12-3)=36$
OK!

花まる式ポイント

図をつかって考えてみると
わかりやすくなるよ

例　（1） $\square\times3-6=\square\times2+1$ の場合

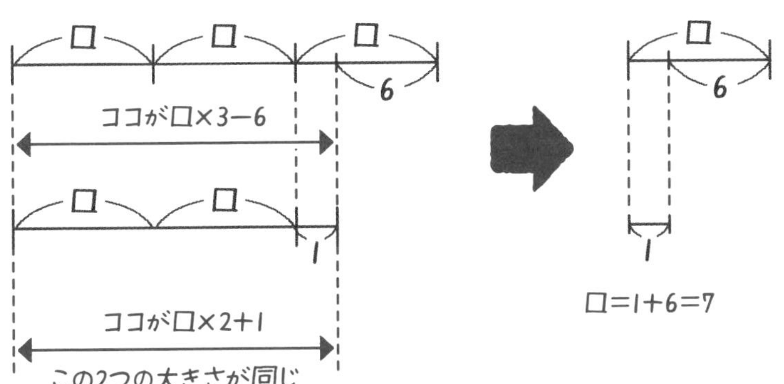

57 応用 入試問題に挑戦！

総仕上げとして、実際に中学入試で出題された問題にトライしてみよう。ここまでで学んだ計算のルールや工夫の方法を上手につかえばとけるよ！

▶問題

次の計算をしましょう。

（１）$2.5\times0.38+\left(\frac{7}{6}-\frac{4}{15}\right)\div\frac{3}{16}$　【女子学院入試問題】

次の式の□に入る数をもとめましょう。

（２）$1\frac{5}{9}+1.375\div\left(5\frac{3}{8}-\square\div3\frac{3}{5}\right)=1\frac{8}{9}$　【慶應義塾中等部入試問題(改)】

これが正解

最難関校の問題でも学校でならう基本がしっかりしていればとけるよ！

（１）

$$2.5\times0.38+\left(\frac{7}{6}-\frac{4}{15}\right)\div\frac{3}{16}$$

分数になおして約分　通分する　逆数にして「÷」→「×」に

$$=\frac{5}{2}\times\frac{38}{100}+\left(\frac{35}{30}-\frac{8}{30}\right)\times\frac{16}{3}$$

$$=\frac{19}{20}+\frac{27}{30}\times\frac{16}{3}$$

できるだけ約分しておく

$$=\frac{19}{20}+\frac{24}{5}=\frac{19}{20}+\frac{96}{20}=\frac{115}{20}=\frac{23}{4}=5\frac{3}{4}$$

たし算、ひき算した後に約分チェック！　（小数計算で 5.75 もOK）

ココを大きな□として考える

(2) $1\frac{5}{9}+\boxed{1.375}\div\left(5\frac{3}{8}-\square\div3\frac{3}{5}\right)=1\frac{8}{9}$

分数になおす

$1\frac{3}{8}\div\left(5\frac{3}{8}-\square\div\frac{18}{5}\right)=1\frac{8}{9}-1\frac{5}{9}$

ココを大きな□として考える

$5\frac{3}{8}-\square\times\frac{5}{18}=\frac{11}{8}\div\frac{1}{3}$

$$\frac{11}{8}\div\frac{1}{3}=\frac{11}{8}\times\frac{3}{1}=\frac{33}{8}$$

$\square\times\frac{5}{18}=5\frac{3}{8}-\frac{33}{8}$

$$\frac{43}{8}-\frac{33}{8}=\frac{10}{8}=\frac{5}{4}$$

$\square=\frac{5}{4}\div\frac{5}{18}$

$\square=\frac{5}{4}\times\frac{18}{5}$

$\square=\frac{9}{2}$

$\square=4\frac{1}{2}$

第7章

計算知識

3.14の九九

遊び感覚でおぼえてしまえば
速くて正確な計算ができる

円周や円の面積、円柱の体積の計算では、円周率として3.14をつかうよね。

3.14の計算はひっ算でやるのがふつうだけど、ここで計算ミスする人は意外と多い。何度も出てくるものは、遊び感覚でおぼえてしまえば、速くて正確な計算ができるようになるよ。

【よく出る3.14のかけ算とおぼえ方】

2×3.14＝6.28　２時はむにゃ（628）、まだねむい

3×3.14＝9.42　サンタが９時（942）にやってくる

4×3.14＝12.56　４階で12時ごろ（1256）待ち合わせ

5×3.14＝15.7　ゴジラを見にいこうな（157）

6×3.14＝18.84　６のつく日はいい母よ（1884）

7×3.14＝21.98　なんとか、どこかに行くよ（2198）

8×3.14＝25.12　8時にこいに（2512）えさあげる

9×3.14＝28.26　くさいから庭風呂（2826）はいれ

そのほかにも、

12×3.14＝37.68　16×3.14＝50.24　18×3.14＝56.52

24×3.14＝75.36　25×3.14＝78.5　36×3.14＝113.04

49×3.14＝153.86　64×3.14＝200.96　81×3.14＝254.34

などがよく出るのでおぼえておくと便利だよ。

【3.14のかけ算をするときの注意点】

（1）3.14のかけ算のひっ算は、3.14を上段に書く

3.14の九九がつかえる

```
              3.14
           ×    24
           -------
3.14×4 →      1256
3.14×2 →      628
           -------
             75.36
```

（2）3.14の計算は、分配法則をつかってできるだけ最後まで3.14の計算をしないのがコツ！

▶問題

図の3つの半円の半径は5cm、3cm、2cmです。

斜線の面積をもとめましょう。

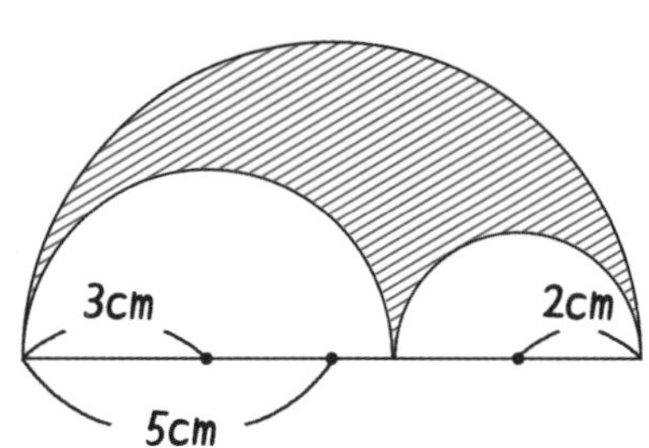

【とき方】

$5 \times 5 \times 3.14 \div 2 - 3 \times 3 \times 3.14 \div 2 - 2 \times 2 \times 3.14 \div 2$

5×5×3.14÷2=39.25 のように小数の計算をしてしまうとミスのもとに

$= (25 - 9 - 4) \times 3.14 \div 2$

分配法則をつかう

$= 12 \times 3.14 \div 2$

$= 6 \times 3.14$

3.14の計算は最後だけでOK！

$= 18.84$

こたえ 18.84cm²

平方数・立方数

よく使う平方数、立方数は
おぼえておくとなにかと便利

2×2、3×3…のように、同じ整数を2回かけた数を平方数、2×2×2、3×3×3…のように、同じ整数を3回かけたものを立方数と言う。

平方数は、円や正方形の面積の計算、立方数は立方体の体積の計算によくつかうよ。

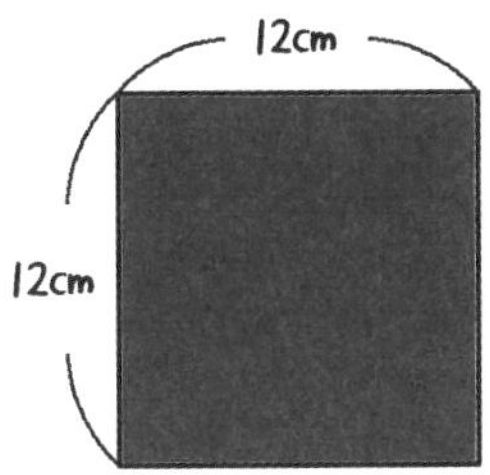

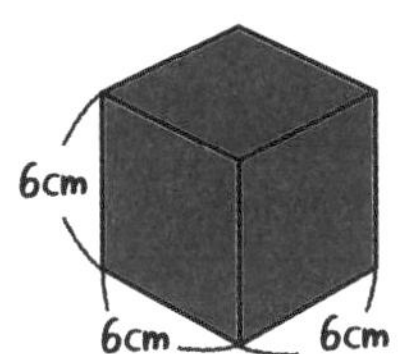

一辺が12cmの正方形の面積
12×12=144
こたえ　$144cm^2$

一辺が6cmの立方体の体積
6×6×6=216
こたえ　$216cm^3$

おぼえておきたい平方数とおぼえ方

11×11=121	いいいい、人に人（121）
12×12=144	胃に胃に、いしし（144）
13×13=169	いーさいーさ、いちろーく（169）ん
14×14=196	いーよいーよ、いー苦労（196）
15×15=225	いーこいーこ、ふじこ（225）ちゃん
16×16=256	いろいろ、にこむ（256）
17×17=289	いーないーな、ふたパック（289）
18×18=324	いやいや、三人よ（324）
19×19=361	行く行く、さむい（361）

知っておいても損はない立方数とおぼえ方

4×4×4＝64	シーシーシー、無視（64）かよ
5×5×5＝125	ゴーゴーゴー、イチニのゴー（125）
6×6×6＝216	むむむっ、にじいろ（216）だ
7×7×7＝343	ナナナント、さしみ（343）か
8×8×8＝512	ヤーヤーヤー、ごうとうに（512）やられたー
9×9×9＝729	ククク、なにく（729）れるの

〈おまけ〉

中学では、$2\times2=2^2$（2の2乗）、$3\times3=3^2$（3の2乗）…、$2\times2\times2=2^3$（2の3乗）、$3\times3\times3=3^3$（3の3乗）というように書いたり、言ったりする。

では、2^{10}（2の10乗）っていくつになるか、わかるかな？

$2\times2\times2\times2\times2\times2\times2\times2\times2\times2=1024$　・・・とうふよ（1024）

※倍返しを連続10回やると1000倍返し以上になるんだね。

おもしろい数列

奥深い数列の世界を知れば、算数がもっと面白くなる！

本書にも出てきた等差数列のように、ある規則で並んだ数列をいくつか、紹介しよう！

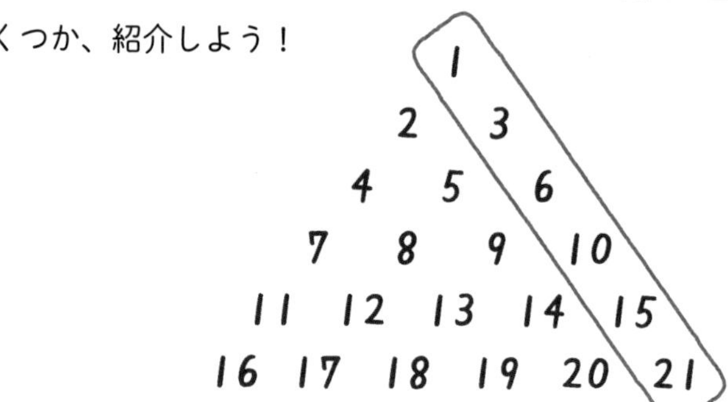

まずは三角数だ。図のように三角形の一辺にあたる部分に並んだ数を書き出すと、

1、3、6、10、15、21……になっている。

2 3 4 5 6

こういう数を三角数と言う。

となりどうしの数の差が、2、3、4、5、6……のように増えているのがわかる。

ということは、三角数の8番目の数はいくつになるかわかるかな？

$$1+2+3+4+5+6+7+8$$
$$=(1+8)\times 8\div 2$$
$$=36$$

こたえ　36

等差数列の和＝（最初の数＋最後の数）×数字の個数÷2だったね。

〈おまけ〉

1から10までの整数の和はいくつか知っているかな。

（1＋10）×10÷2＝55

さらに、1から100までの整数の和は？

（1＋100）×100÷2＝5050

どちらもおぼえておくと、いつか役に立つよ。

三角数があるなら四角数はないのかな？　もちろん、ちゃんとある。

1	4	9	16	25
2	3	8	15	24
5	6	7	14	23
10	11	12	13	22
17	18	19	20	21

一段目に並んだ数を四角数と言う。

なにかに気づいたかな？　そう！　四角数とは平方数のことなんだ。

$$1 \times 1 = 1$$

$$2 \times 2 = 4$$

$$3 \times 3 = 9$$

$$4 \times 4 = 16$$

$$5 \times 5 = 25$$

最後に、これも超有名な数列を紹介しよう。

1、1、2、3、5、8、13、21、34 ……

さて、どんな規則で並んでいるかな？

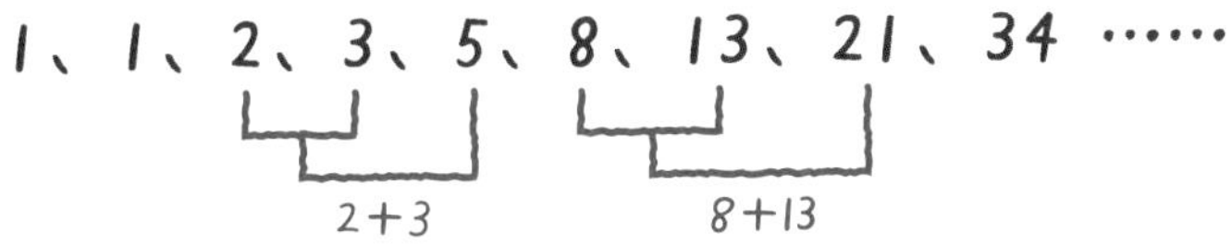

1、1、2、3、5、8、13、21、34 ……

2＋3　　8＋13

前の2つの数の和が次の数になっている。

こういう規則で並んだ数を「フィボナッチ数」と言う。

このフィボナッチ数は、自然界にも存在する不思議な数として知られているんだ。ひまわりの種の数やアンモナイトの形、黄金比と言われるものと深い関係がある。ぜひ調べてみてほしい。

素数の不思議

まだまだわからないことが
多い「素数」という数

素数は小学校でもならう数だが、「素数はどんな数か説明してください」と言われたらこたえられるだろうか。

正解は、1とその数自身しか約数がない数。たとえば、7や11がそうなる。1は素数ではないので、気をつけよう。

素数は規則的に表れないので、素数かどうかを見分けるのがむずかしい。正確に言うと、コンピューターが進化した現代でも、その規則を発見できていないということなんだ。だから暗号などにも利用されている。

ところで、みなさんは1から100までの間の素数を全部言えるだろうか。

2、3、5、7、11、13、17……どうだろう。いちいちわりきれる数がないかたしかめる必要があるよね。そこで素数をみつけるいい方法を教えよう。

1	②	③	4	⑤	6	⑦	8	9	10
11	12	13	14	15	16	17	18	19	20
21	22	23	24	25	26	27	28	29	30
31	32	33	34	35	36	37	38	39	40
41	42	43	44	45	46	47	48	49	50
51	52	53	54	55	56	57	58	59	60
61	62	63	64	65	66	67	68	69	70
71	72	73	74	75	76	77	78	79	80
81	82	83	84	85	86	87	88	89	90
91	92	93	94	95	96	97	98	99	100

1～100までの整数の表がある。まずは素数ではない1を消す。

次に2をのぞいた2の倍数を消す。2、4、6、8、10のタテの列が一気に消える。

次に3をのぞいた3の倍数を消す。3、6、9、30、60、90のナナメの列が一気に消える。

次に5をのぞいた5の倍数を消す。5のタテの列が一気に消える。

次に7をのぞいた7の倍数を消す。49、77、91のみ。

これで残った数が素数になる。7までの倍数を消せば、1～100（正確には120）までの素数がみつかる。ぜひその理由も考えてほしい。

さて、このやり方を「エラトステネスのふるい」と言うんだけど、いまだに「すばらしい素数のみつけ方」だと言われているんだよ。

1～100までの素数は

「2、3、5、7、11、13、17、19、23、29、31、37、41、43、47、53、59、61、67、71、73、79、83、89、97」

の合計25こあることはおぼえておこう。

〈おまけ〉

分数を約分するときに、約数がみつからないときがある。特に素数×素数でできている整数はわかりにくい。次の整数は素数×素数なので、約分がしにくい数だ。

7×13＝91　　7×17＝119　　7×19＝133

11×13＝143　　11×17＝187　　11×19＝209

13×17＝221　　13×19＝247

17×19＝323

ちなみに、西暦2021年の2021は素数かどうか、わかるかな。

正解は素数ではない。2021＝43×47です。「そんなの、わからないよ」となげかないでくださいね。身近な数字に興味をもって、いろいろ調べてみると、算数のおもしろさに気づけるよ。

時間の計算

時間の計算のやり方を説明しよう。

▶問題

たくや君は、朝の7時45分に家を出て、帰ってきたのは夕方の3時37分でした。外出していた時間は何時間何分ですか。

【とき方】

夕方の3時37分の3時に12時をたして、24時制の時間になおす。

午後3時37分＝15時37分

```
    14  97
    15時37分
－   7時45分
─────────
     7時52分
```

37－45ができない
15時から1時間（60分）をかりてきて
37＋60＝97にする

こたえ　7時間52分

【別のとき方】

午前7時45分〜正午まで　12時－7時45分＝4時間15分 ……①

正午〜午後3時37分　3時間37分 ……②

①＋②＝7時間52分

ほかの問題にもトライしてみよう。

▶問題

□に入る数をもとめましょう。ただし、□には同じ数が入るとはかぎりません。

（1）$\frac{2}{5}$分＝□秒

（2）0.7時間＝□分

（3）$\frac{3}{4}$日＝□時間

（4）3時間36分＝□時間（□は分数か小数）

（5）2時間23分18秒×4＝□時間□分□秒

（6）9時間7分12秒÷8＝□時間□分□秒

【とき方】

（1）1分＝60秒　$\frac{2}{5} \times 60 = 24$（5と60を約分：1、12）

こたえ　24

（2）1時間＝60分　0.7×60＝42

こたえ　42

（3）1日＝24時間　$\frac{3}{4} \times 24 = 18$（4と24を約分：1、6）

こたえ　18

（4）36分を時間にかえる。

36÷60＝0.6　または　$\frac{36}{60} = \frac{3}{5}$

こたえ　3.6　または　$3\frac{3}{5}$

(5)

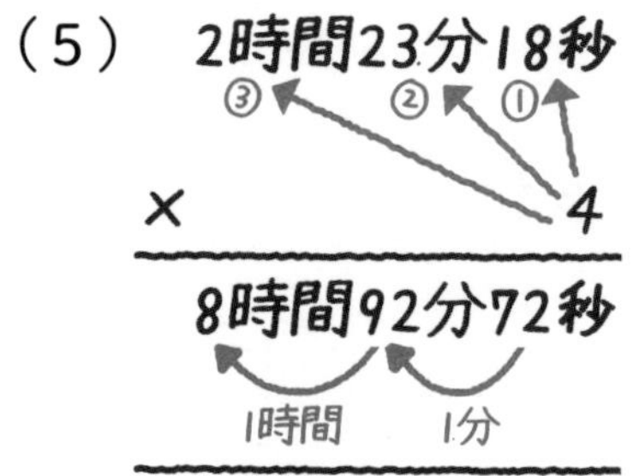

①18×4＝72秒→60秒＋12秒
（1分くり上げ）
②23×4＝92分→60分＋32分＋1分
（1時間くり上げ）
③2×4＝8時間→
8時間＋1時間＝9時間

2時間23分18秒＝8598秒になおして、×4をすると大きな数になってしまい、さらに時間、分、秒にもどすのがたいへんなる

こたえ　9、33、12

(6)

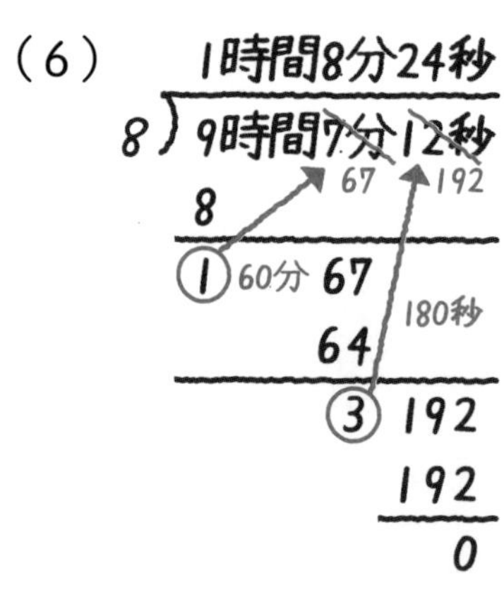

① 9÷8＝1あまり1時間（60分）
② 7分＋60分＝67分
67÷8＝8あまり3分（180秒）
③ 12秒＋180秒＝192秒
192÷8＝24

この問題でも、9時間7分12秒を秒になおさないほうがいい

こたえ　1、8、24

第 8 章

計算技術

なぜ、計算の順番をまちがえてしまうのか

式全体を見る力をつけて、問題の意図を読み取ろう

計算には、さまざまなきまりごと＝ルールがあります。代表的なのが「計算の順序」です。P134でも紹介していますが、あらためて、計算のきまりについておさらいすると……。

①（　）があればその中を先に計算する
②「＋、－」よりも「×、÷」を先に計算する
③ふつうは左から計算する

この3つさえおぼえておけば、計算の順番をまちがえることはありません。そこまでむずかしいことではないのですが、なぜまちがえてしまうのでしょう？理由として考えられるのは、左から計算する問題しかあまりやったことがないということです。四則混合計算やかっこがついている計算は、小学校ではあまり多くは扱いませ

ん。しかし、中学校に入るとそうした計算も増えてくるので、余裕があるうちにいろいろな問題に触れておくことは悪いことではありません。四則混合計算などを解く経験がなければ、ふつうに左から計算するものだと思ってしまいますし、全体の式を見て計算の順番を確認してからはじめるということも身につきません。

たとえば、次のような計算問題はなかなか学校ではやりません。

32＋48÷（18－5×2）×3－8

順番に計算すると

①5×2＝10　②18－10＝8　③48÷8×3＝18　④32＋18－8＝42　となります。

いきなり32＋48＝80　としてしまったり、（18－5×2）×3を先に計算してしまったり、計算のきまりを頭ではわかっていても、実際の問題になるとうまく使いこなせないことが少なくありません。

こういう問題には、「本当に計算の順番をわかっているか」を確認するねらいがあります。そこを意識できるようになれば、「あっ、ここはわなだな」とニヤニヤしながら解けるようになります。「うちの子にはちょっとレベルの高い話」と感じるかもしれませんが、受験生になれば、そうした出題者の意図（題意）をくみ取る力が、どの教科にも必要になるのです。そういう意味では少しむずかしい計算問題に触れておくことはいい練習になるはずです。

まちがえやすい公式はどうやっておぼえるの？

まちがえやすい、忘れやすい公式の攻略法

算数の世界では、さまざまな公式が使われています。公式はちゃんとおぼえて使えばとても便利なのですが、まちがった使い方をしてしまうと、部分点ももらえずにひどい結果になってしまうこともあります。

たとえば、次の公式はミスしやすい代表的な公式です。

①円周＝半径×2×円周率

②円の面積＝半径×半径×円周率

③三角形の面積＝底辺×高さ÷2

④台形の面積＝（上底＋下底）×高さ÷2

①と②については、お父さんやお母さんも、うっかりミスをしたことがあるのではないでしょうか。原因は、似ている公式であること、半径と直径をまちがえやすいこと、円周と面積をとりちがえて

しまうこと、の3点です。

対策としては、まずできるだけ似ていない公式にするために、円周の公式は、「直径×円周率」の形でおぼえるようにします。次にこの公式でミスをよくするなら、もとめる部分を必ず図に書き入れてから計算しましょう。円周なら線をなぞる。面積なら斜線を入れる。そうした手の動きをする中で、何をもとめるのかを意識するので、まちがいはへるはずです。

③と④でも、÷2をつけ忘れて、悔しい思いをしたことがあるのではないでしょうか。

三角形の面積や台形の面積をもとめるだけならまちがえないのですが、応用問題の中の途中の計算で、この公式を使う場合、ほかのことに気を取られていてついつい÷２を忘れてしまうということが多いのです。これを防ぐためには、三角形の面積＝1/2×底辺×高さというように、先に1/2をかける公式として使い慣れていくことです。最初は違和感がありますが、慣れてくれば当たり前に1/2×ではじめられるようになるので、つけ忘れはなくなります。分数にすることで約分もスムーズにできるので、一石二鳥です。

公式は、まる暗記すればいいというものではありません。本書でも何度も書いているように、公式の成り立ちをしっかりと理解したうえで、おぼえて使う練習をしてほしいと思います。

横式を書くことの重要性

たしかめ、自分の現在地を知るためにも横式は必ず書こう

P37でも紹介しているように、計算に取り組むときには「横式」と「ひっ算」を分けて書くことがとても重要です。ただ、中には「横式を書くのが面倒くさい」という理由で、ひっ算だけで問題を解いてしまう子どももいます。たしかに、ひっ算だけでも問題の答えを出すことはできます。しかし、横式を書くべき理由がちゃんとあるのです。自分がどういう手順で問題を解いたか、その過程を残すことで、見返したときに自分の癖(くせ)やまちがえたときにどこでミスをしたのかがすぐにわかります。また、問題を解いている最中にも、自分が今何をもとめようとしているのかを示す「マッピング」のような役割もしてくれます。

大切なのは、正確な答えを出すことだけでなく、自分のミスしやすいポイントがわかるように思考の過程を残しておくことです。「ひっ算」だけで計算してしまうと自分がどんな手順で問題を解い

横式をしっかりと書くと……

$$
\begin{aligned}
&4+16\div(14-5\times2)\times2\\
&=4+16\div(14-10)\times2\\
&=4+16\div4\times2\\
&=4+8\\
&=12
\end{aligned}
$$

●たしかめができる！

●自分が今、何を解いているかがすぐにわかる！

●計算の過程を残すことでミスの原因もわかりやすい！

たのかがわかりにくくなってしまうので、ノートやテストの際も必ず横式を書くようにしましょう。

最近は、計算の途中式にも部分点を与える入試が増えていますから、その点でも大切です。

計算復習ノートのススメ

原因を見つけ、意識することで計算ミスをへらす

計算ミスが直らない子どもたちの多くは、無意識にまちがいをおかしています。逆に言うと意識をすればそうしたミスをへらすことは可能です。しかし、ただ「ミスに気をつけて問題を解きなさい」と言っても、それだけでは効果はありません。具体的にミスに向き合い、へらそうとしない限り、そのままになってしまいます。ミスにはそうなる理由があることはこれまでも述べてきた通りです。一人ひとりの理由は異なるわけですから、その子なりの対策が必要になってきます。

私がおすすめしているのは、「計算復習ノート」です。私の塾では学習法を身につける指導に長年取り組んできました。その中で特に最強のノート法と位置づけている「復習ノート」というものがあります。過去問などでまちがえた問題の中から、自分にとって必要な問題、良質な問題を残して復習するノートです。Ａ４のルーズ

計算ミス問題集の書きかた

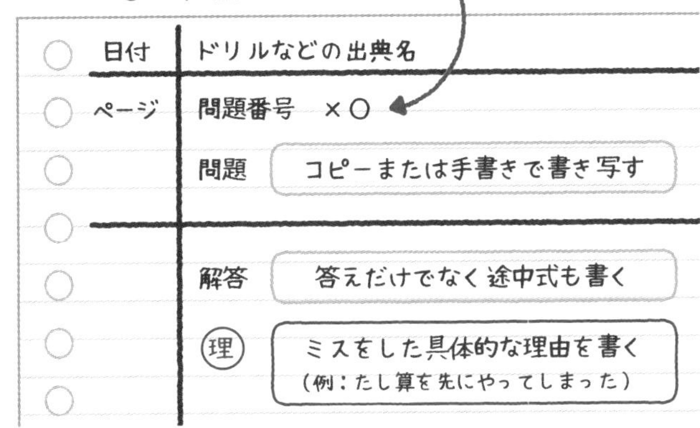

リーフに、問題のコピーを貼りつけ、解説を書いたあと、まちがった理由とその問題のポイントを書き、定期的に解き直しを行っていくノートです。具体的なつくり方は省きますが、勉強とは「できなかったことをできるようにすること」が基本ですから、このノートにまちがえた問題を貯めながら、完全に解けるようになるまで復習すれば、演習づけになるような効率の悪い勉強から解放されます。

同様に「計算復習ノート」もまちがえた計算問題を貯めて、正しい解答とどこでまちがえたのか理由を書いて残していくノートです。まちがえた原因を意識するためにつくります。うっかりミスだと思っていたのが、実は「計算のやり方がまちがっていた」「癖になっていた」などとはっきりと自覚できればしめたもの。次からはそうしないよう意識して計算に取り組めるようになります。計算ミスでお悩みの方は一度試してみてはいかがでしょうか。

一問見直し法

ミスをミスで終わらせない
次に生かすための見直し法を身につけよう

テストや問題を解く際に、「見直しをしなさい」と言われますが、具体的にどうすればいいのか、わからない子は多いと思います。スクール FC で指導している「見直し法」を紹介します。計算問題だけでなく、テストなどの見直しにも使ってみてください。

（1）テストや問題を解いていく途中で問題番号の左に鉛筆で印をつけます。

○ 見直しして、正解している自信がある問題につける。
⇒もうその問題は見直ししなくてよいということ。
△ 解けたが、正解しているか自信がない問題につける。
⇒一通り終わった後、見直しして○印にすべき問題。
？ わからないのでとばした問題につける。
⇒一通り終わった後、解けそうなら解く。

（2）一問見直しの心構え

A.「いつ」やるか

必ず、「1問ごと」に見直しをして、印をつけること。まとめて見直し、まとめて印つけ、はなし！「その問題を解いた直後」が一番ミスを発見できます。

B.「何を」見直しするのか

①「問題文」…読み直して、「読みまちがい」「数字まちがい」をしていないかチェック。

②「何を答えるか」…このミスが多いと感じる人は、問題で聞かれていることに線を引きましょう。

③「途中式とひっ算」…消さずに残しておくことで見直しできます。

C.「どう」やるか

①「集中」して見直しする…「ノーミスを達成する！」という強い気持ちでやりましょう。ぼんやり見直しをしてもミスは発見できません。

②「速く」見直しする…1問あたり3秒～5秒、長くても10秒ぐらいで見直しします。はじめは時間がかかるかもしれませんが、訓練するほど、速く正確な見直しができるようになります。

D．印のつけ方

「どれも自信がない」といって、「△」だらけにならないように！

「△」になる問題は完全に理解できていない問題です。自信を持って「○」をつけられるようにがんばりましょう。

（3）解答後の振り返り

実際の○×（赤）	見直しの印（黒）	結果の分析	今後に活かすこと
○	○	自信があり正解	OK！取るべき点数を取れています
×	○	自信がありまちがい	見直しが甘かった。原因を残しておく！
○	△	自信はなかったが正解	自信を持って○をつけられるようにする
×	△	自信がなくてまちがい	「なんとなく」の理解だった問題を、説明できるぐらい理解する
○	？	わからなかったが正解	本当の実力ではない点数。解説を読んで理解する
×	？	わからなくてまちがい	解説を読んで理解する

第9章

おうちでできる計算力アップ法

おうちでできる計算力アップ法①（料理編）

料理は算数の教材としてはうってつけ

子どもに料理を手伝ってもらいながら「計算力」をアップさせる方法はたくさんあります。

①数えあげ

「数を数える」ことはすべての基本です。たとえば、「お皿を○枚、テーブルに出しておいて」とお願いしてお皿の枚数を数えさせたり、食材やお菓子の数を数えたり……。小学校1年生や入学前の段階から「数える」習慣を身につけておくと、計算力の土台がつくられます。

②単位を学ぶ

料理には、さまざまな「単位」が出てきます。計量カップ（ml）、肉の重さ（g）、野菜の長さ（cm）、調理時間の長さ（分）など、いろいろな「単位」を実際にはかったり、見ることで「単位の感覚」

を身につけることができます。

③わり算、分数、比

たとえば「ケーキを均等にわける」ことからは分数のしくみを、「○個あるクッキーを○人でわける」ことからはわり算の基本を学ぶことができます。ほかにも「しょうゆとみりんを1対3で混ぜる」といった比の学習に役立てることができます。

このほかにも、料理には計算力のみならず算数力を上げる要素がたくさん詰まっています。ソーセージやゆで卵の切り口でだ円形を知ったり、豆腐をさいの目に切ることで、表面積が増えることを学んだりできます。

また、複数の作業を同時、または連続的に進めなければいけない料理は、小数点の移動、分数計算の約分など、計算に必要なマルチタスク力を伸ばすことにもつながります。

お母さんもいそがしいと、子どもに手伝わせることが逆にむずかしいときもあると思いますが、定期的に子どもと一緒に料理を楽しむ機会をつくってみてはいかがでしょう。

おうちでできる計算力アップ法②（外出編）

外にはたくさんの数字があふれている

子どもと外出したときも、外にあるたくさんの数字を使って、遊びながら「計算力」を身につけてみましょう。

①電車やバスの運賃

Suica や PASMO の普及で、最近では「きっぷを買う」機会も少なくなってきましたが、たとえば子どもと出かけたときだけは料金表を見ながら一緒にきっぷを買ってみるのもよいでしょう。きっぷを買わなくても、たとえば「目的地まではひとり○○円で、○人で行くとぜんぶでいくらになるかな？」というように、運賃を子どもに計算をさせるのもおすすめです。運賃だけでなく、動物園や遊園地の入園料などを使ってもよいかもしれません。

②車のスピードメーターやナンバーで遊ぶ

車で出かけるときも算数の勉強に利用できるものがあります。スピードメーターを見ながら「目的地まで○kmあるけど、時速○kmで走ったら何時間くらいで着くかな？」や、ガソリンスタンドで「満タンにするのに何リットルくらい入れればいいかな？」など、子どもと一緒に考えながらドライブを楽しむことができます。

また、4けたの車のナンバーを利用した「全部足したらいくつ？」「4つの数字を使って10になる式をつくれる？」といった問題も定番です。

「道を歩けば数字にあたる」ではないですが、家の中では出合うことがない数字（海抜何m、全長何km、何億年前、収容人数何万人など）が外にはたくさんあります。遠出をしなくても近場の公園でもかまいません。すぐに説明したり答えを教えたりするのではなく、想像させることが大切です。そうしたことが、量感・ボリューム感と言われる数の感覚を磨くことにつながります。そして、実際に五感を通して学んだ経験は、生きた知識や感覚として様々なところで役に立ちます。机に向かって勉強するだけが勉強ではなく、ゲームやクイズのような遊び感覚で学ぶということが、算数の世界を広げるきっかけにもなるのです。

おうちでできる計算力アップ法③（お買い物編）

子どもに会計係を任せる

　お金の計算が必要になるお買い物も、子どもの計算力アップに大いに役立ちます。たし算、ひき算、かけ算、わり算はもちろんですが、つまずきやすい「単位あたりの大きさ」や「割合」の感覚をつかむきっかけにもなります。

①暗算力

「450円のお肉と300円のお魚を買ったらあわせていくら？」「1こ150円のおかしを３こ買ったらいくらになる？」というように、たし算やかけ算の暗算力を身につけることができます。また「これだけ買ったら全部でだいたいいくらになる」といったがい算の学習にもつながります。

　最近は電子マネーやクレジットカードを使うことが増えましたが、たまには子どもに現金を渡して一緒にお買い物してみるのも楽しいと思います。

②割合

○割引、○％オフといった表記から歩合や百分率の感覚をつかむことができます。「800円のお肉が2割引きになっているけど、いくらかな？」などと、子どもに聞いてみるのもよいでしょう。

③単位あたりの大きさ

1本あたり、1こあたりの値段をくらべることで、子どもが単位あたりの大きさを実感できるようになります。

④整理する力

実際にお買い物で使った金額などをおこづかい帳につけることで、計算力と表にまとめる力が身につきます。

お金の計算には子どもはとても関心があります。「お金だからまちがってはいけない」というある種の緊張感もありますから、正確な計算にこだわります。おこづかいが1円でも足りなかったら大騒ぎしますよね。その点でもお買い物はいい教材になります。大きくなったら、一人でおつかいに出すのも社会経験としていいでしょう。

おうちでできる計算力アップ法④（生活習慣編）

ふだんの生活の中で単位に強くなる

本書は計算力を上げるために必要な計算方法や知識をまとめた本ですが、計算する際には単位のことがしっかりとわかっていないと正解できない場合があります（単位の計算方法については、拙著「算数嫌いな子が好きになる本」（カンゼン）をご覧ください）。

単位については、料理以外でも日常生活の中で学べる機会があります。

①時計を利用する

時間を意識して行動することは、子どもにとっても大切です。ですから、時計を上手に利用しながら計算力を上げていくことは、一石二鳥以上の効果があると言えます。

低学年のうちはデジタル時計よりもアナログ時計のほうがいいでしょう。その理由は、目盛りのあるアナログ時計のほうが計算しやすいからです。たとえば、文字盤は5分ずつになっていますから、

5の段を使って計算することができます。「○時まではあと何分ある？」「○分後は何時何分？」というように、勉強という形ではなく、「ちょっと教えて」というような聞き方が理想です。また、単に聞くよりも「3時になったらおやつにするけど、あと何分くらいかな？」「○時になったらお出かけするよ。何分くらいで準備できる？」など、子どもの楽しみをうまく利用してたずねてみると、一生懸命に考えるでしょう。

②体重計を利用する

体重計も家庭に１台はあると思います。毎月1日は家族全員で体重をはかる日と決めて、グラフをつけるのもいいかもしれません。「半年前よりも○kg増えた」などグラフを書くだけでなく読み取る練習にもなります。大人と子どもの体重の差からも「お父さんはぼくの3倍も体重があるんだ」など、倍や割合の勉強にもなります。

③いろいろなものを「はかる」

ものさしで長さをはかる、台はかりで重さをはかるなど、身の回りにははかれるものがたくさんあります。「これどれくらいの大きさだろう？」と疑問に思ったときは、できるだけその場で調べることが大切です。興味・関心を持ったときが一番の学びのチャンス。ぜひそういう場面では、大人がはかり方のアドバイスをしてあげてください。

おうちでできる計算力アップ法⑤（常識編）

経験を積むことで、
数字の感覚をつかむことができる

ここまで「おうちでできる計算力アップ法」を紹介してきましたが、日ごろから子どもに数字を身近に感じさせる理由は、単純な「計算力アップ」のためだけではありません。

どんな数字にも「常識的な範囲」というものがあります。

たとえば、人の身長であればどんなに高くても200cm くらい、車のスピードは速くても時速100km くらい……。

こういった「数字の常識」は、大人にとっては当たり前ですが、実体験の少ない子どもは、あまりピンときていないことも多いのです。

たとえば、「○○君は学校までの○ km の道のりを○分で歩きました。○○君の歩くスピードは時速何 km でしょう」という問題に対して、「時速100km」といった常識的にはあり得ない答えを出す子どもがいます。

もちろん、問題によってはそれが正解というケースもあるかもしれませんが、少なくとも小学生の文章問題で答えが「常識の範囲から外れている」ということはほとんどありません。

「数字の常識」が身についていれば「時速100km」という答えが出た時点で「さすがにそれはないだろう」と自分の出した答えを疑うことができますが、それがないとまちがいに気づかず、そのままスルーしてしまうこともあります。

ほかにも「お店でえんぴつを何本買いましたか」という問題に対して、「12.5本」と答えて平気でいたら、数字や式だけしか見ていないことがわかります。もちろん、「12.5本って買うことできる？」と聞けば、ほとんどの子が「あっ、買えない」とわかるのですが、自分から「おかしい」と気づかなければミスはへらせないのです。

机上の勉強だけでなく野外体験などの経験総量を増やすことも大切です。自分で考え、決めて、行動しなければならない環境では、その結果を自分事としてとらえなければなりません。自然の中で常識と非常識を学び、あるゆる可能性を想像し尽くす大切さを身をもって経験できるのが、外遊びや野外体験です。

算数や数学の世界は大自然の中にも存在します。ぜひ家を飛び出して、外で自由に思いっきり遊ぶ経験をさせてあげてください。

練習問題

P44 ～ 141に対応した練習問題です。うしろに解答もあるので、問題を解いたら正解できているか、チェックしてみてください。

1　りんごが８こ、みかんが５こあります。ちがいはなんこですか。

2　（１）$3+9$　　（２）$6+7$

3　（１）$15-8$　　（２）$11-5$

4　（１）$\begin{array}{r} 157 \\ +\ 45 \\ \hline \end{array}$　　（２）$\begin{array}{r} 216 \\ -\ 39 \\ \hline \end{array}$

5　暗算しましょう。

（１）$28+54$　　（２）$73-17$

6　次の九九を言いましょう。

（１）6×7　　（２）4×8

7　暗算しましょう。

（１）27×7　　（２）39×8

8　暗算しましょう。

（１）16×35　　（２）$7\times25\times4$

9　（１）$\begin{array}{r} 16 \\ \times\ 34 \\ \hline \end{array}$　　（２）$\begin{array}{r} 249 \\ \times\ 106 \\ \hline \end{array}$

10　（１）$69\div3$　　（２）$6\overline{)564}$

11　あまりも出しましょう。

（１）$38\div4$　　（２）$800\overline{)58700}$

12　（１）はあまりも出しましょう。

（１）$9\overline{)274}$　　（２）$7\overline{)728}$

13　あまりも出しましょう。

（１）$16\overline{)679}$　　（２）$43\overline{)293}$

14 （1）$2.3+4.9$　（2）$5.4-3.4$

15 （1）$1.4+6.61$　（2）$8-0.19$

16 （1）0.8×6　（2）3.7×30

17 （1）1.76×0.8　（2）3.5×1.04

18 （1）2.29×0.1　（2）4.5×80

19 わりきれるまで計算しましょう。
（1）$7.8\div3$　（2）$3.92\div8$

20 わりきれるまで計算しましょう。
（1）$8.67\div3.4$　（2）$31.2\div0.48$

21 商は小数第2位までもとめ、あまりも出しましょう。
$7.8\div3.2$

22 （1）$4.3\div0.1$　（2）$0.56\div0.08$

23 $\frac{3}{8}$という分数はどんな数を表しているか説明しましょう。

24 約分しましょう。
（1）$\frac{48}{72}$　（2）$\frac{42}{98}$

25 仮分数は帯分数に、帯分数は仮分数になおしましょう。
（1）$\frac{33}{5}$　（2）$3\frac{5}{6}$

26 （1）$\frac{2}{7}+\frac{3}{7}$　（2）$\frac{11}{13}-\frac{7}{13}$

27 （1）$\frac{2}{7}+\frac{1}{5}$　（2）$\frac{1}{6}+\frac{5}{12}$　（3）$\frac{7}{12}-\frac{9}{20}$

28 （1）$1\frac{5}{6}+3\frac{3}{10}$　（2）$4\frac{1}{12}-2\frac{11}{15}$

29　$3\frac{1}{4}-1\frac{7}{12}+1\frac{1}{6}$

30　（1）$7\times\frac{2}{15}$　　（2）$\frac{3}{11}\times3$

31　（1）$\frac{4}{9}\times\frac{3}{5}$　　（2）$\frac{7}{12}\times\frac{3}{14}$

32　（1）$1\frac{7}{18}\times2\frac{7}{10}$　　（2）$2\frac{1}{12}\times2\frac{7}{10}\times1\frac{5}{9}$

33　逆数をもとめましょう。
（1）3　　（2）1.2

34　（1）$4\div\frac{5}{8}$　　（2）$\frac{7}{9}\div3$

35　（1）$3\frac{1}{8}\div2\frac{1}{2}$　　（2）$2\frac{2}{3}\div1\frac{7}{9}\div3\frac{3}{4}$

36　（1）$2\frac{4}{9}\times\frac{7}{8}\div1\frac{5}{6}$　　（2）$8\frac{1}{6}-\frac{3}{7}\div\frac{3}{14}\times3\frac{4}{5}$

37　（1）$28\div21\times15\div24$　（2）$8\div12-6\div10$

38　（1）$\frac{5}{6}-0.4$　　（2）0.75×2.4

39　（1）$\frac{5}{6}+0.6-\frac{4}{15}$　　（2）$0.875\times\frac{5}{14}\div2.5$

40　（1）$34-7\times3+9$　　（2）$24+36\div(26-4\times5)\times2$

41　（1）$83+59+17$　　（2）$5.6\times4.5+4.5\times4.4$

42　□に入る数をもとめましょう。
（1）29－□＝11　　（2）□÷9＝3

解答

1	3こ	
2	（1）12	（2）13
3	（1）7	（2）6
4	（1）202	（2）177
5	（1）82	（2）56
6	（1）42	（2）32
7	（1）189	（2）312
8	（1）560	（2）700
9	（1）544	（2）26394
10	（1）23	（2）94
11	（1）9あまり2	（2）73あまり300
12	（1）30あまり4	（2）104
13	（1）42あまり7	（2）6あまり35
14	（1）7.2	（2）2
15	（1）8.01	（2）7.81
16	（1）4.8	（2）111
17	（1）1.408	（2）3.64
18	（1）0.229	（2）360
19	（1）2.6	（2）0.49
20	（1）2.55	（2）65
21	2.43あまり0.024	
22	（1）43	（2）7
23	1を8等分した3つ分の数	
24	（1）$\frac{2}{3}$	（2）$\frac{3}{7}$
25	（1）$6\frac{3}{5}$	（2）$\frac{23}{6}$
26	（1）$\frac{5}{7}$	（2）$\frac{4}{13}$

27	（1）$\frac{17}{35}$	（2）$\frac{7}{12}$	（3）$\frac{2}{15}$
28	（1）$5\frac{2}{15}$	（2）$1\frac{7}{20}$	
29	$2\frac{5}{6}$		
30	（1）$\frac{14}{15}$	（2）$\frac{9}{11}$	
31	（1）$\frac{4}{15}$	（2）$\frac{1}{8}$	
32	（1）$3\frac{3}{4}$	（2）$8\frac{3}{4}$	
33	（1）$\frac{1}{3}$	（2）$\frac{5}{6}$	
34	（1）$6\frac{2}{5}$	（2）$\frac{7}{27}$	
35	（1）$1\frac{1}{4}$	（2）$\frac{2}{5}$	
36	（1）$1\frac{1}{6}$	（2）$\frac{17}{30}$	
37	（1）$\frac{5}{6}$	（2）$\frac{1}{15}$	
38	（1）$\frac{13}{30}$	（2）$1\frac{4}{5}$（1.8）	
39	（1）$1\frac{1}{6}$	（2）$\frac{1}{8}$	
40	（1）22	（2）36	
41	（1）159	（2）45	
42	（1）18	（2）27	

TVやメディアで
話題沸騰
入塾待ちが出る
カリスマ私塾
花まる学習会

書籍案内

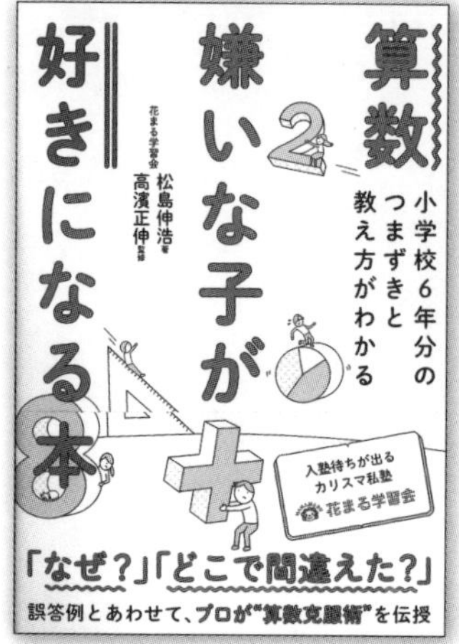

算数嫌いな子が好きになる本

小学校6年分のつまずきと教え方がわかる

スクールFC
松島伸浩 著

花まる学習会
高濱正伸 監修

1700円＋税

- 「なぜ?」「どこで間違えた?」
誤答例とあわせて、プロが"算数克服術"を伝授
- 『つまずきチェックシート』を使って早期発見・早期解決
家庭でできる算数力アップ法も収録

例えば、
こんな子に
オススメです！

◎くり上がり、くり下がり、九九でミスをする
◎計算はできるが、文章題になるとできない
◎計算のスピードが他の子よりも遅い
◎ケアレスミスがなかなか直らない
◎単位換算の問題に苦手意識がある
◎割合や速さの公式がごちゃごちゃ
◎図形の問題を見るとすぐにあきらめてしまう

算数が嫌いになってしまう子、苦手な子の多くは自分がどこでそうなってしまったのか、えてしてわからないものです。本書では単元ごと・学年ごとに誤回答に基づいてつまずきポイントをあげながら、どのように解決していけばいいのかを伝えていきます。

【著】

松島伸浩（まつしま・のぶひろ）

スクールFC代表兼花まるグループ常務取締役。1963年生まれ、群馬県みどり市出身。
大手進学塾で経営幹部として活躍後、36歳で自塾を立ち上げ、個人・組織の両面から、「社会に出てから必要とされる『生きる力』を受験学習をとおして鍛える方法はないか」を模索する。その後、花まる学習会創立時からの旧知であった高濱正伸と再会し、花まるグループに入社。教務部長、事業部長を経て現職。のべ10,000件以上の受験相談や教育相談の実績は、保護者からの絶大な支持を得ている。公立小中学校の家庭教育学級や子育て講演会、教育講演会は抽選になるほどの人気。現在も花まる学習会やスクールFCの現場で指導にあたっている。
主な著書に
『中学受験 親のかかわり方大全』（実務教育出版）
『中学受験 算数［文章題］の合格点が面白いほどとれる本』（KADOKAWA）
『算数嫌いな子が好きになる本』（小社刊）などがある。

【監修】

高濱正伸（たかはま・まさのぶ）

花まる学習会代表。1959年生まれ、熊本県人吉市出身。東京大学大学院農学系研究科修士課程修了。算数オリンピック委員会理事。1993年、「この国は自立できない大人を量産している」という問題意識から、「メシが食える大人に育てる」という理念のもと、「作文」「読書」「思考力」「野外体験」を主軸にすえた学習塾「花まる学習会」を設立。1995年には、小学3年生から中学3年生を対象とした進学塾「スクールFC」を設立。チラシなし、口コミだけで、母親たちが場所探しから会員集めまでしてくれる形で広がり、当初20人だった会員数は、23年目で20,000人を超す。また障がい児の学習指導や、公教育への支援活動を続け、2015年4月からは、佐賀県武雄市で「武雄花まる学園」として官民一体型学校の運営にかかわり、市内の公立小学校全11校にその取り組みが導入された。

STAFF

構成　花田雪
ブックデザイン　二ノ宮 匡（ニクスインク）
イラスト　大野文彰（大野デザイン事務所）
本文デザイン協力　松浦竜矢、貞末浩子
編集　滝川昂（株式会社カンゼン）
編集協力　松山史恵、吉田柚香子

小学校6年間分の計算がスッキリわかる本
速く、正確に解けてミスも減る！

発行日　2020年12月4日　初版

著者　松島 伸浩
監修　高濱 正伸
発行人　坪井 義哉
発行所　株式会社カンゼン
〒101-0021
東京都千代田区外神田2-7-1 開花ビル
TEL 03（5295）7723
FAX 03（5295）7725
http://www.kanzen.jp/
郵便為替 00150-7-130339
印刷・製本　株式会社シナノ

ISBN 978-4-86255-575-5
Printed in Japan
定価はカバーに表示してあります。

ご意見、ご感想に関しましては、kanso@kanzen.jp まで E メールにてお寄せ下さい。お待ちしております。